DIANWANG SHEBEI ZHUANGTAI JIANCE 1000TI

电网设备状态检测

1000 题

国网河南省电力公司技能培训中心 组编

中国电力出版社

CHINA ELECTRIC POWER PRESS

内 容 提 要

电网设备状态检测具有不停电、不影响生产、检测灵敏度高等优点，为了全面提升状态检修工作质量，提高状态检测专业人员技术水平，打造高素质的技术、技能人才队伍，提升企业素质、队伍素质，做好电网设备状态检测培训工作，国网河南省电力公司技能培训中心组织编写了本书。

本书共六章，分别是红外热成像检测，油中溶解气体分析，特高频法超声波法局部放电检测，暂态地电压局部放电检测，SF_6 气体纯度、湿度和分解产物检测，相对介质损耗因数及电容量比值测量。包括单选题、多选题、判断题、问答题、计算题5种题型，并在书后给出了参考答案。

本书可供电网设备状态检测专业人员参考和使用。

图书在版编目（CIP）数据

电网设备状态检测1000题/国网河南省电力公司技能培训中心组编. —北京：中国电力出版社，2016.12（2021.3重印）
ISBN 978-7-5198-0319-3

I.①电… II.①国… III.①电网-电气设备-检测 IV.①TM7

中国版本图书馆CIP数据核字（2017）第012119号

中国电力出版社出版、发行

（北京市东城区北京站西街19号 100005 http://www.cepp.sgcc.com.cn）
北京天宇星印刷厂印刷
各地新华书店经售

*

2016年12月第一版　2021年3月北京第二次印刷
850毫米×1168毫米　32开本　8.25印张　173千字
印数1001—1500册　定价35.00元

电网设备状态检测所涉及的试验项目具有不停电、不影响生产、检测灵敏度高等优点，受到电力系统专家和技术人员的重视和好评。为了全面提升状态检测工作质量，大力提高状态检测专业人员技术水平，打造高素质的技术、技能人才队伍，提升企业素质、队伍素质，做好电网设备状态检测培训工作，国网河南省电力公司技能培训中心组织现场专家和专职培训师编写了本书，便于从事电网设备状态检测工作的现场、试验检修人员复习巩固相关专业知识。

本书在编写过程中以 Q/GDW 1168—2013《输变电设备状态检修试验规程》、DL/T 596—2005《电力设备预防性试验规程》等为依据，包括红外热成像检测，油中溶解气体分析，特高频法超声波法局部放电检测，暂态地电压局部放电检测，SF_6 气体纯度、湿度和分解产物检测，相对介质损耗因数及电容量比值测量共六章。包含单选题、多选题、判断题、问答题、计算题共 5 种题型，并在全书后附有参考答案及解析。在强调对基础知识的基本概念理解和掌握的同时，也梳理了生产实践中的技术要点。

本书由国网河南省电力公司技能培训中心组织编写，国网河南省电力公司技能培训中心张磊主编，马晓娟、赵玉谦、赵雪燕为副主编，陈邓伟、符贵担任主审，其中第一、三章由张磊编写，第二章由马晓娟编写，第四章由赵秀娜编写，第五章由罗东君编写，第六章由岳婷编写。其他参与编写的人员有国网郑州市供电公司秦旷、姚力夫、姜伟，国网厦门市供电公司熊军，国网河南省电力公司技能培训中心符贵、徐幻南、高俊岭、陈邓伟、彭理燕、王海霞、曲在辉，国网河南省电力公司检修公司赵胜男、赵亚军、王敏、鲁永、牛田野，国网河南省电力公司电力科学研究院王栋、邵颖彪、郑含博、蒲兵舰、王伟，国网南阳市供电公司吴冷、国网新乡市供电公司王新宇。本书第一、二、五、六章由陈邓伟审稿，第三、四章由符贵审稿。本书由张磊负责统稿和定稿。

本书的编写得到了上述相关单位领导和基层一线试验、检修专家的大力关怀和支持，他们对本书的编写和审查均提出了宝贵意见。

由于编者水平有限，本书中难免存在不足或疏漏之处，恳请读者批评指正。

编　者

2016 年 11 月

红外热成像检测

一、单选题

1. 关于红外热成像仪检测调焦的作用，以下说法正确的是（　　　）。

    A. 将远处的物体拉近；   B. 将近处的物体放大；

    C. 得到正确的辐射能量；   D. 得到最高的温度值

2. 红外热成像仪进行电气过载检测的主要原理是（　　　）。

    A. 有谐波；   B. 电阻过大发热；

    C. 电缆导线截面积过大；   D. 电流过大发热

3. 在相同温度下，（　　　）辐射出的能量最高。

    A. 黑纸；   B. 光亮的铝合金；

    C. 皮肤；   D. 生锈的铁片

4. 一个人分别穿三种颜色的毛衣，用红外热成像仪拍，（　　　）拍出来的温度最高。

    A. 黑色；   B. 白色；   C. 红色；   D. 温度一样

5. 用红外热成像仪检测发现，电气接头的螺丝连接处有温升，导线温度正常，其温升原因是（　　　）。

    A. 连接处可能发生松动；   B. 连接处发射率较大；

    C. 该相的负载较高；   D. 该相的谐波较大

6. 关于红外热成像仪的红外辐射，下列说法正确的是（　　　）。

    A. 红外热成像仪向外辐射红外线，对人体有伤害，需要进行避让；

  B. 红外热成像仪向外辐射红外线，但能量较弱，无须避让；

  C. 红外热成像仪接收红外线，但对人体有伤害，需要进行避让；

  D. 红外热成像仪接收红外线，对人体无害

7. 关于红外热成像仪的调色板模式，下列说法不正确的是（ ）。

  A. 电力系统使用的调色板模式为铁红；

  B. 调色板可以在软件内修改；

  C. 铁红比灰度及彩虹模式的测温精度高；

  D. 不同的现场可以选择不同的调色板

8. 在进行红外热成像电气检查时，5m/s 的风速对其的影响是（ ）。

  A. 风只会给具有环境温度的组件降温；

  B. 只要天气晴朗，风对检查就没有影响；

  C. 只要天气多云，风对检查就没有影响；

  D. 风会给发热组件降温，红外热成像仪的显示温度与真实温度有较大差异

9. 使用红外热成像仪检测表面光亮的金属，下列措施无效的是（ ）。

  A. 将表面打毛；

  B. 在表面贴胶带；

  C. 改变测量角度；

  D. 使用接触式温度计进行比对，修改发射率

10. 根据 DL/T 664—2008《带电设备红外诊断应用规范》进行红外热成像电气检查的最小负荷为（　　）。

A. 10%；　　　B. 30%；　　　C. 60%；　　　D. 100%

11. 使用红外热成像仪测量一个接头的温度为 70℃，但使用红外点温仪测量的值为 30℃。两部仪器均正常。引起这种差异的原因可能是（　　）。

A. 红外点温仪比红外热成像仪更准确；

B. 红外热成像仪比红外点温仪更准确；

C. 红外点温仪的 IFOV 指标比红外热成像仪好；

D. 红外热成像仪的 IFOV 指标比红外点温仪好

12. 表 1-1 是对一个 60A 断路器上的连接进行一个月的周期检查获得趋势变化。

表 1-1　　　　　60A 断路器一个月周期检查的趋势变化

检查日期	6/15	6/25	6/30	7/10	7/15
电流（A）	50	48	20	24	52
气温（℃）	31	26	24	25	32
断路器温度（℃）	121	129	35	43	150

6 月 30 日和 7 月 10 日温度下降可能的原因是（　　）。

A. 环境温度变化；　　　　　B. 组件老化；

C. 负荷下降；　　　　　　　D. 连接重新焊接

13. 在红外热成像仪上存储一张红外热图，当从红外热成像仪调用该图像或者将该图像上传到电脑中的通信软件时，下列设置无法修改的是（　　）。

A. 焦距；　　　B. 发射率；　　　C. 背景温度；　　　D. 调色板

14. 若环境温度为 20℃，用发射率为 0.95 的热像仪检测目标温度为 50℃，当发射率调至 0.5，得到的温度数据将（ ）。

    A. 高于 50℃；   B. 高于 20℃，低于 50℃；

    C. 低于 20℃；   D. 没有变化

15. 关于红外辐射，下面说法正确的是（ ）。

    A. 红外辐射可穿透大气而没有任何衰减；

    B. 红外辐射可通过光亮金属反射；

    C. 红外辐射可透过玻璃；

    D. 红外辐射对人体有损害

16. 如果一个物体的发射率为 0.8，温度为 100℃，这就意味着（ ）。

    A. 这个物体辐射 100℃全部能量的 80%；

    B. 这个物体反射 100℃全部能量的 80%；

    C. 这个物体辐射 80℃的全部能量；

    D. 这个物体反射 80℃的全部能量

17. 从地面上看到距离 80m 的传输线的连接装置上有一个热点，检测温度时，它的温度读数要比预料的小得多，实际上显示还要低于环境温度。这最有可能是（ ）造成的。

    A. 透过率没有设置；

    B. 没有准确聚焦；

    C. 距离太远无法准确测量；

    D. 发射率设置不正确

18. 红外热像仪镜头上有反光的涂层是为了（ ）。

    A. 增加红外线透过率；   B. 保护镜头；

C. 防止灰尘沾在镜头上；　　　　D. 防止镜头腐蚀

19. 热像仪的 IFOV 为 1.0mrad。要测量一个直径为 6mm 的电气连接的温度，距离最远在（　　）m 可以检测到连接点的过热。

　　A. 1；　　　　　B. 2；　　　　　C. 3；　　　　　D. 6

20. 下列与发生故障的电气连接点温度无关的因素是（　　）。

　　A. 连接点接触面的电阻；　　　　B. 系统负载；

　　C. 环境温度；　　　　　　　　　D. 热像仪的探测器波段

21. 假设正在检测开关柜，带电铝母排上的胶带比母排本身热，可能的原因是（　　）。

　　A. 胶带的发射率比较高；　　　　B. 胶带的反射能力较强；

　　C. 母排本身就比胶带温度低；　　D. 母排的反射能力弱于胶带

22. 在进行背景温度修正时，会影响到修正准确性的参数是（　　）。

　　A. 发射率；　　B. IFOV；　　　C. 调色板；　　　D. 温度量程

23. 修正参数不会影响到温度的是（　　）。

　　A. 发射率；　　　　　　　　　　B. 背景温度；

　　C. 大气透过率；　　　　　　　　D. 调色板

24. 关于热像仪的电池，下列说法错误的是（　　）。

　　A. 电池可在 0℃ 环境下使用；

　　B. 电池可以在 -10℃ 环境下充电；

　　C. 电池可以在 50℃ 环境下使用；

　　D. 电池可以从热像仪上进行更换

25. 若检测目标太小，下列措施无效的是（　　）。

　　A. 在确保安全的前提下走得近些；

　　B. 更换长焦镜头；

C. 准确调焦；　　　　　　　D. 恒压、

D. 换台像素更多的热像仪

26. 检测金属材料时发现有部分位置温度比较高，周边无其他干扰，下面选项不可能是原因的是（　　　）。

　　A. 温度高的部分涂了漆；　　B. 温度高的部分有凹陷；

　　C. 温度高的部分更加光亮；　　D. 温度高的部分颜色较暗

27. 热像仪在检测储油柜的液位时，有时会看到储油柜上部的温度比环境温度还要低，造成这一现象最有可能的原因是（　　　）。

　　A. 储油柜的发射率比较高；

　　B. 储油柜的发射率比较低；

　　C. 储油柜的温度比环境温度低；

　　D. 储油柜会反射天空辐射的能量

28. 与热像仪拍摄目标的清晰度无关的参数是（　　　）。

　　A. 像素；　　　　　　　　　B. 检测距离；

　　C. 目标的发射率；　　　　　D. 镜头

29. 根据 DL/T 664—2008《带电设备红外诊断应用规范》进行一般检测时通常发射率设置为（　　　）。

　　A. 0.95；　　　　　　　　　B. 0.90；

　　C. 0.85；　　　　　　　　　D. 按照发射率表进行设置

30. 金属接头发热至 50℃，这时发射率设置为 0.90，当发射率向下调整时，温度值会（　　　）。

　　A. 升高；　　B. 降低；　　C. 不变；　　D. 都有可能

31. 下列金属材料中，发射率最低的是（　　　）。

　　A. 氧化黄铜；　B. 强氧化铝；　C. 加工铸铁；　D. 黄铜镜面

32. 下面说法错误的是 （　　）。

　　A. 热像仪可以在完全黑暗的环境下拍摄；

　　B. 室内的灯光可能会对热像仪拍摄造成干扰；

　　C. 雾天热像仪一般不宜进行拍摄；

　　D. 精确检测时热像仪一般在白天进行室外拍摄

33. 热像仪无法检测的目标是 （　　）。

　　A. 隔离开关；　　　　　　　　B. 接线排；

　　C. 变压器（内部）出线接头；　D. 泄漏的 SF_6

34. 热像仪与红外测温仪相比，往往测到的温度会比较高，最有可能的原因是 （　　）。

　　A. 热像仪的 IFOV 比红外测温仪好；

　　B. 热像仪测温精度更高；

　　C. 热像仪显示的是一个面；

　　D. 热像仪可以进行背景温度修正

35. 热像仪的菜单操作过程中，会影响到温度的是 （　　）。

　　A. 等温线；　　　　　　　　　B. 最高、最低温度显示；

　　C. 温度的自动和手动范围；　　D. 镜头选择

36. 红外测温发现设备热点，应调整亮漆(所有颜色)的发射率为(　　)。

　　A. 0.88；　　　　　　　　　　B. 0.3～0.4；

　　C. 0.59～0.61；　　　　　　　D. 0.9

37. Q/GDW 1168—2013《输变电设备状态检修试验规程》规定，红外热像检测时要记录环境温度、负荷及其近 （　　） h 内的变化情况，以便分析参考。

　　A. 1；　　　　　B. 2；　　　　　C. 3；　　　　　D. 4

38. 电气设备与金属部件连接的线夹设备缺陷判断为危急缺陷的为
（　　）。

A. 温差不超过 15K；

B. 热点温度 70℃，相对温差大于 70%；

C. 热点温度大于 80℃，相对温差大于 80%；

D. 热点温度大于 110℃，相对温差大于 95%

39. 隔离开关刀口设备缺陷为危急缺陷的是（　　）。

A. 温差不超过 15K；

B. 热点温度 70℃，相对温差大于 80%；

C. 热点温度大于 90℃，相对温差大于 80%；

D. 热点温度大于 130℃，相对温差大于 95%

40. 红外测温仪是一种红外温度检测及诊断的非成像型仪器，下面说
法正确的是（　　）。

A. 被测物体红外辐射可穿透大气而没有任何衰减；

B. 通过测量被测物体的红外辐射能量确定被测物体的温度；

C. 被测物体的红外辐射能够穿透玻璃；

D. 被测物体的红外辐射对人体有损害

41. 被测物体温度越高，其辐射红外能量的峰值波段将（　　）。

A. 往短波方向移动；　　　　　B. 往长波方向移动；

C. 不动；　　　　　　　　　　D. 中心点不动，范围扩大

42. 红外热成像仪显示温度的最小读数是 **0.1℃**，则说明（　　）。

A. 测温精度是 0.1℃；

B. 检测温度差值是 0.1℃；

C. 最小测温精度是 0.1℃；

D. 并不说明测温精度就是 0.1℃

43. 用热像仪检测发现高压套管外部连接处有温升，连接导线温度正常，其温升原因是（　　）。

　　A. 连接处电阻较大；　　　　B. 连接处发射率较大；

　　C. 该相的负荷较高；　　　　D. 该相的谐波较大

44. 断路器两相之间的测量温升为 20℃，所使用的发射率为 1.0，但真实发射率应为 0.25，那么前面所说的温升（　　）。

　　A. 太低；　　　　　　　　　B. 太高；

　　C. 正好；　　　　　　　　　D. 以上都不是

45. 红外热像仪不能检测其真实温度的是（　　）。

　　A. 液体；　　　　　　　　　B. 220kV 电气设备；

　　C. 走路的人体；　　　　　　D. 灯泡内发热的钨丝

46. 当松动的电气连接上的电流（负荷）翻倍时，表面温度会（　　）。

　　A. 下降；　　　　　　　　　B. 提高 1 倍以上 I^2R；

　　C. 稍微有所提高；　　　　　D. 保持不变

47. 关于物体红外辐射与物体温度的关系，以下描述错误的是（　　）。

　　A. 物体温度越高，红外辐射越强；

　　B. 物体温度越高，红外辐射越弱；

　　C. 物体的红外辐射能量与温度的四次方成正比；

　　D. 红外辐射强度与物体的材料、温度、表面光度、颜色等有关

48. 热分辨率是衡量红外热像仪的一个重要参数，热分辨率是指（   ）。

　　A. 发现物体的能力；　　　　　　B. 发现物体细节的能力；

　　C. 准确测量温度的能力；　　　　D. 远距离观测的能力

49. 空间分辨率是衡量热像仪观测物体大小与空间距离大小的一个参数，在同等距离上空间分辨率越小，意味着热像仪能分辨出物体的尺寸（   ）。

　　A. 越大；　　　B. 越小；　　　C. 不变；　　　D. 不确定

50. 当几个物体处于同一温度下时，各物体的红外辐射功率与吸收的功率成（   ）。

　　A. 正比；　　　B. 线性；　　　C. 二次方；　　　D. 反比

51. 在红外辐射技术的研究和应用中，设定了具有理想中最大辐射功率的物体称之为黑体，黑体所吸收的红外线能量与发射的红外线能量的比值为（   ）。

　　A. 0.9；　　　B. 0.85；　　　C. 1.0；　　　D. 0.98

52. 在同一电气回路中，当三相电流对称，三相设备相同时，比较（   ）电流致热型设备对应部位的温升值，可判断设备是否正常。

　　A. 一相；　　　　　　　　　　B. 两相；

　　C. 三相（或两相）；　　　　　D. 三相

53. 载流导体的发热量与（   ）的二次方成正比。

　　A. 通过电流的大小；　　　　　B. 电流通过时间的长短；

　　C. 载流导体的电压等级；　　　D. 导体电阻的大小

54. 红外精确检测风速一般不大于（   ）m/s。

　　A. 0.5；　　　B. 1；　　　C. 1.5；　　　D. 5

55. 红外测温适应"电压致热型"设备的判断方法是（　　）。

    A. 表面温度法；   B. 同类比较判断法；

    C. 图像特征判断法；   D. 相对温差判断法

56. 红外测温发现设备热点，应调整氧化黄铜材料的发射率为（　　）。

    A. 0.03；   B. 0.3～0.4；

    C. 0.59～0.61；   D. 0.9

57. 红外测温发现设备热点，应调整强氧化铝材料的发射率为（　　）。

    A. 0.03；   B. 0.3～0.4；

    C. 0.59～0.61；   D. 0.9

58. 红外热像仪进行电气过载检查的主要原理是（　　）。

    A. 有谐波；   B. 电阻过大发热；

    C. 电缆导线截面积过大；   D. 电流过大发热

59. 在相同温度下，辐射出的能量最高的是（　　）。

    A. 黑纸；   B. 光亮的铝合金；

    B. 皮肤；   C. 生锈的铁片

60. 关于热像仪红外辐射，下列说法正确的是（　　）。

    A. 热像仪向外辐射红外线，对人体有伤害，需要进行避让；

    B. 热像仪向外辐射红外线，但能量较低，无须避让；

    C. 热像仪接收红外线，但对人体有伤害，需要进行避让；

    D. 热像仪接收红外线，对人体无害

61. 关于红外热像仪的调色板模式，下列说法不正确的是（　　）。

    A. 电力系统使用的调色板模式为铁红；

    B. 调色板可以在软件内修改；

    C. 铁红比灰度及彩虹模式的测温精度高；

D. 不同的现场可以选择不同的调色板

62. 红外线（Infrared Ray）波长范围是（   ）。

    A. 0.65～8.7mm；   B. 0.75～1000μm；

    C. 0.5～8mm；   D. 0.5～800μm

63. 要使用红外热像仪检测表面光亮的金属，下列措施无效的是（   ）。

    A. 将表面打毛；

    B. 在表面粘贴胶带；

    C. 改变测量角度；

    D. 使用接触式温度计进行比对，修改发射率

64. 为保证红外成像检测结果的正确，防止大气中物质的影响，检测应尽量安排在大气较干燥的季节，并且湿度不超过（   ），检测距离尽量缩短为 5m 左右。

    A. 65%；   B. 85%；   C. 50%；   D. 90%

65. 下列描述红外线测温仪特点的各项中，说法错误的是（   ）。

    A. 是非接触测量、操作安全、不干扰设备运行；

    B. 不受电磁场干扰；

    C. 不比蜡试温度准确；

    D. 对高架构设备测量方便省力

66. 红外热成像检测和电压有关的缺陷时，应保证在额定电压下，电流（   ）。

    A. 大于额定值；   B. 额定值；

    C. 越小越好；   D. 小于额定值

67. 用红外热像仪测量 TA 一次接线端子温度时，应选择辐射率（   ）。

    A. 0.8；   B. 0.90；   C. 0.94；   D. 0.98

68. 热像仪的瞬时视场角（Instantaneous Field Of View，IFOV），是指探测系统在某一瞬间，探测单元对应的瞬时视场，以毫弧度（mrad）计量，其对应的被测物大小被称为被测物分辨率单元（Ground Resolution Cell，GR）。现有热像仪的 IFOV 为 1.3mrad，如果需要对 1cm 的接头进行检测，则最远的检测距离为 （   ）m。

    A. 7.69；   B. 8.00；   C. 6.54；   D. 10.00

69. 热像仪的温宽是指当前使用的温度范围内的一个温度区间，调节温宽将会引起热像仪（   ）的变化。

    A. 图像亮度；   B. 测温范围；

    C. 图像对比度；   D. 辐射率

70. 在热像仪的辐射率为 0.9 的情况下，图像中最热点的温度为 67℃，如果将辐射率调整为 0.95，则图像中最热点温度值（   ）。

    A. 大于 67℃； B. 等于 67℃； C. 小于 67℃； D. 都有可能

71. 金属接头发热至 50℃，这时的测试角为 30°，当测试角增大时，温度值会（   ）。

    A. 升高；   B. 降低；   C. 不变；   D. 都有可能

72. 断路器动静触头发热的热像特征是（   ）。

    A. 以顶帽为中心的热像；

    B. 以顶帽和下法兰为中心的热像，顶帽温度大于下法兰温度；

    C. 以下法兰和顶帽为中心的热像，下法兰温度大于顶帽温度；

    D. 以下法兰为中心的热像

73. 针对户外 10kV 绝缘母线进行精确测温时发射率应选用（   ）。

    A. 0.20；   B. 0.40；   C. 0.60；   D. 0.90

74. 某母线引下线 A 相 T 型线夹温度为 85.2℃，B 相正常温度为 48.6℃，环境温度参照体温度为 38.7℃，判断该设备缺陷性质为（　　）。

　　A. 异常情况；　B. 一般缺陷；　C. 严重缺陷；　D. 危急缺陷

75. 下列不属于红外现场检测一般检测要求的是（　　）。

　　A. 环境温度一般不低于 5℃，相对湿度不大于 85％；

　　B. 风速一般不大于 5m/s；

　　C. 对于电流致热型设备，一般应在不低于 30％额定负荷下进行；

　　D. 应避开强电磁场干扰

76. 红外测温发现设备热点，应调整黑亮漆（在粗糙铁上）的发射率为（　　）。

　　A. 0.88；　　　　　　　　　　B. 0.3～0.4；

　　C. 0.59～0.61；　　　　　　　D. 0.9

77. 某试验人员用红外热像仪对 500kV GIS 出线瓷绝缘套管进行精确测温时，设置的辐射率为 0.95，测得 A 相套管发热点的温度比正常的 B、C 相套管同一部位高 1.9℃，环境参考体温度为 25℃，则 A 相套管属于（　　）。

　　A. 正常；　　　　B. 一般缺陷；　C. 严重缺陷；　D. 危急缺陷

78. 红外测温发现设备热点，应调整氧化铝（铝）的发射率为（　　）。

　　A. 0.4～0.8；　　　　　　　　B. 0.2～0.4；

　　C. 0.59～0.61；　　　　　　　D. 0.9

79. 电气设备与金属部件连接的线夹设备缺陷判断为严重缺陷的为
（　　）。

A. 温差不超过 15K；

B. 热点温度 70℃，相对温差大于 70％；

C. 热点温度大于 80℃，相对温差大于 80％；

D. 热点温度大于 110℃，相对温差大于 95％

80. 断路器两相之间的测量温升为 20K，所使用的发射率为 1.0，但
真实发射率应是 0.25，那么前面所说的温升实际为（　　）。

A. 20K；　　　　　　　　B. 5K；

C. 80K；　　　　　　　　D. 以上都不是

81. 在进行红外带电检测时，下面说法正确的是（　　）。

A. 红外辐射可穿透大气而没有任何衰减；

B. 应同时测量记录环境温度及相对湿度；

C. 检测应在晴朗的天气进行；

D. 记录确定检测设备部位

82. 对于电压致热型设备，检测判断方法宜采用（　　）。

A. 同类比较判断法；　　　B. 相对温差判断法；

C. 图像特征判断法；　　　D. 表面温度判断法

83. 下列温度相同的 4 个物体，辐射出的能量由高到低的顺序为
（　　）。

A. 铜丝＞强氧化铝＞抛光铸铁＞瓷器（亮）；

B. 瓷器（亮）＞铜丝＞强氧化铝＞抛光铸铁；

C. 铜丝＞抛光铸铁＞强氧化铝＞瓷器（亮）；

D. 瓷器（亮）＞强氧化铝＞铜丝＞抛光铸铁

84. 两个物体的温度、大小、形状、材质、表明光滑程度完全相同，一个是白色的，一个是黑色的。则用红外热像仪在同一视场内检测这两个物体，显示温度度高的是（　　）。

　　A. 黑色的；　　B. 白色的；　　C. 一样；　　D. 不一定

85. B 级绝缘材料以及与 B 级绝缘材料接触的金属材料的最大温度限值和温升极限分别是（　　）℃。

　　A. 105，60；　　　　　　　　B. 105，65；

　　C. 120，80；　　　　　　　　D. 130，90

86. 在大气温度为 17℃，环境温度参照体表面温度 15℃ 条件下，对一台隔离开关进行红外测温，正常相温升 45K，热点温度 75℃，相对温差为（　　）。

　　A. 15％；　　B. 25％；　　C. 40％；　　D. 50％

87. 已知标准黑体源温度为 100℃，在测温距离为 2～3m 的情况下调节红外热像仪至最佳状态，读取温度值为 99℃，该热像仪的准确度为（　　）。

　　A. 1℃；　　　B. −1.01％；　　C. −1℃；　　D. 1％

88. 红外热像仪镜头上的增透膜的作用是增强镜头的透射率，已知红外辐射的波长为 λ，则增透膜的理论厚度应为（　　）。

　　A. 2λ；　　　B. λ；　　　C. λ/2；　　　D. λ/4

89. 在 GIS 红外热像测试中，发现三相 TA 气室的气体连接管路过热，其他部分温度正常，比较可能的原因是（　　）。

　　A. 气室中气体过热；　　　　B. 设备负荷过大；

　　C. 感应电；　　　　　　　　D. TA 漏磁

90. 某试验人员在对某隔离开关刀口进行测温时，误将辐射率设置为 0.6（实际辐射率为 0.9），测得发热点温升为 120K，正常相温度为 63℃，环境参照体温度为 45℃，则该隔离开关刀口发热点辐射的红外波长为（　　）μm。

A. 9.25；　　　　B. 7.35；　　　　C. 7.03；　　　　D. 8.19

91. 大气温度为 16℃，红外测得某低负荷隔离开关的 A 相刀口温度 16℃，B 相刀口温度 25℃和环境温度参照体表面温度 15℃，则 B 相刀口发热缺陷属于（　　）。

A. 一般缺陷；　B. 严重缺陷；　C. 危急缺陷；　D. 正常

92. 在电气设备红外热成像测试过程中，测试人员需要对热像仪进行调焦，使图像清晰，上述做法的目的是（　　）。

A. 将远处的物体拉近；　　　　B. 将近处的物体放大；

C. 得到正确的辐射能量；　　　D. 消除距离的影响

93. 辐射率与测试方向有关，最好保持测试角在（　　）之内，不超过（　　）。

A. 15°，45°；　B. 30°，45°；　C. 30°，60°；　D. 45°，60°

94. 热灵敏度是指红外热像仪可以分辨物体间最小温差的能力，温度为 23℃±5℃时，热灵敏度小于（　　）。

A. 1K；　　　　B. 0.1K；　　　　C. 0.15K；　　　　D. 0.5K

95. 根据 DL/T 664—2008《带电设备红外诊断应用规范》的要求，进行红外热成像一般测试时，热像仪的色标温度量程宜设置在环境温度加（　　）的温升范围。

A. 0～10K；　B. 5～10K；　C. 10～20K；　D. 10～40K

96. 根据 DL/T 664—2008《带电设备红外诊断应用规范》的要求，便携式红外热像仪响应长波的波长范围是（　　）μm。

　　A. 5～8；　　　B. 5～10；　　C. 8～14；　　D. 8～16

97. 在某次红外测温过程中，发现某 GIS 间隔的出线套管 A 相接头的最高温度为 56℃，测试时的环境参考体温度为 35℃，大气温度为 33℃，正常 B 相接头的最高温度为 45℃，则 A 相接头的缺陷性质为（　　）。

　　A. 一般缺陷；　　B. 严重缺陷；　　C. 危急缺陷；　　D. 无缺陷

98. 某出线套管接头的测量温度为 30℃，所使用的发射率为 0.25，但真实发射率为 0.6，那么前面所说的温度（　　）。

　　A. 偏低；　　　　　　　　　B. 偏高；

　　C. 正好；　　　　　　　　　D. 以上都不是

99. 某红外热像仪像素为 640×480，镜头 24°×18°，则在 10m 处可以精确测得物体温度的最小水平尺寸是（　　）mm。

　　A. 6.55；　　　B. 13.09；　　C. 19.63；　　D. 26.18

100. 一般来说，零值绝缘子温度（　　）正常绝缘子温度。

　　A. 略高于；　　B. 远高于；　　C. 低于；　　D. 等于

101. 甲试验员在某次红外测温时发现热点最高温度为 60℃，正常温度为 30℃，环境参考温度为 20℃。在同样条件下，乙试验员测试时误将辐射率设置为 0.3（正常为 0.9），则乙测试员测得的热点最高温度为（　　）℃。

　　A. 165.09；　　　　　　　　B. 207.33；

　　C. 303.89；　　　　　　　　D. 726.32

二、多选题

1. 对运行中的悬式绝缘子串劣化绝缘子的检出测量，可以选用（　　）的方法。

  A. 测量电位分布；   B. 火花间隙放电叉；

  C. 测量介质损耗因数 $\tan\delta$； D. 热红外检测

2. 为保证红外成像检测结果的准确，防止太阳照射与背景辐射影响，户外设备检测应选择在（　　）。

  A. 晴天；   B. 阴天；

  C. 最好在白天；   D. 最好在晚上

3. 为保证红外成像检测结果的正确，要防止运行状态的影响。（　　）；检测温度时，应使设备达到稳定状态为止。

  A. 检测和负荷电流有关的设备时，应选择满负荷下检测；

  B. 检测和负荷电流有关的设备时，应选择低负荷下检测；

  C. 检测和电压有关的缺陷时，应保证在额定电压下，电流越大越好；

  D. 检测和电压有关的缺陷时，应保证在额定电压下，电流越小越好

4. 在红外诊断中，根据电力设备的故障按缺陷存在部位的位置，缺陷可分为的种类有（　　）。

  A. 一般缺陷；   B. 外部缺陷；

  C. 危急缺陷；   D. 内部缺陷；

  E. 紧急缺陷

5. 红外诊断可以有效检测出的变压器的缺陷有 （　　）。

　　A. 外部引线与套管接触不良；

　　B. 套管密封不良、进水受潮；

　　C. 套管内部引线焊接不良或接触不良；

　　D. 储油柜内有积水；

　　E. 三相直流电阻不平衡率超标

6. 关于红外检测下列说法正确的是 （　　）。

　　A. 热像仪能够在完全黑暗的环境下拍摄；

　　B. 精确检测时热像仪一般在白天进行室外拍摄；

　　C. 热像仪一般不宜在雾天进行拍摄；

　　D. 室内灯光可能会对热像仪的拍摄造成干扰

7. 电气设备表面温度的测量方法主要有 （　　）。

　　A. 温度计直接测量法；　　　　B. 传感器法；

　　C. 设备间内悬挂温度计；　　　D. 红外测温法

8. 电气设备红外测温时发现的缺陷按照致热原因可分为 （　　）。

　　A. 电流致热型；　　　　　　　B. 电压致热型；

　　C. 综合致热型；　　　　　　　D. 内部缺陷致热；

　　E. 外部缺陷致热

9. 以下设备缺陷属于电流型致热型的是 （　　）。

　　A. 套管柱头压接不良；　　　B. 电流互感器螺杆接触不良；

　　C. 电熔丝容量不够；　　　　D. 套管表面大量污秽

10. 以下设备缺陷属于电压致热型的是 （　　）。

　　A. 套管介质损耗偏大；　　　B. 电压互感器局部放电；

　　C. 电流互感器铁芯短路；　　　D. 避雷器阀片受潮老化

11. 关于红外热像仪的调色板模式，下列说法正确的有 （   ）。

    A. 电力系统通常使用的调色板模式为铁红；

    B. 调色板可以在软件内修改；

    C. 铁红比灰度及彩虹模式的测温精度高；

    D. 不同的现场可以选择不同的调色板

12. 红外测温判断方法有 （   ）。

    A. 实时分析判断法；   B. 同类比较判断法；

    C. 图像特征判断法；   D. 相对温差判断法；

    E. 档案分析判断法

13. 影响红外成像测温的因素有 （   ）。

    A. 大气影响；

    B. 大气尘埃及悬浮粒子的影响；

    C. 风力影响、光辐射影响；

    D. 辐射率及测量角度影响；

    E. 临近物体热辐射影响

14. 在进行背景温度修正时，不会影响到修正准确性的参数有 （   ）。

    A. 发射率；   B. IFOV；   C. 调色板；   D. 温度量程

15. 以下关于红外热像检测的判断方法表述正确的有 （   ）。

    A. 表面温度判断法主要适用于电流致热型和电压致热型设备发热的情况；

    B. 同类比较判断法可根据同组三相设备、同相设备之间及同类设备之间对应部位的温差进行比较分析；

    C. 相对温差判断法主要适用于电流致热型设备，并可降低小负荷缺陷的漏判率；

D. 图像特征判断法主要适用于电压致热型设备，根据同类设备的正常状态和异常状态的热像图，判断设备是否正常

16. 依据 DL/T 664—2008《带电设备红外诊断应用规范》，以下关于缺陷类型的确定及处理方法表述正确的有（　　）。

A. 一般缺陷是指设备存在过热，有一定温差，温度场有一定梯度，但不会引起事故的缺陷，这类缺陷一般要求记录在案，注意观察其缺陷的发展，利用停电机会检修，有计划地安排试验检修消除缺陷；

B. 对于负荷率小、温升小但相对温差大的设备，如果无条件或机会改变负荷，则应定为严重缺陷，并加强监视；

C. 严重缺陷是指设备存在过热，程度较重，温度场分布梯度较大，温差较大的缺陷。这类缺陷应尽快安排处理；

D. 危急缺陷是指设备最高温度超过 GB/T 11022—2011《高压开关设备和控制设备标准的共用技术要求》规定的最高允许温度的缺陷，这类缺陷应立即安排处理，对电流致热型设备，应立即降低负荷电流或立即消缺；对电压致热型设备，当缺陷明显时，应立即消缺或退出运行

17. 以下关于电压互感器红外热像检测与诊断表述正确的有（　　）。

A. 导致电压互感器发热的常见原因包括：电容单元介质损耗偏大、电容单元缺油、电容单元匝间短路、电磁单元阻尼元件故障、电磁单元内部放电等；

B. 电压互感器瓷套本体部位从上到下温度分布均匀无局部发热，但某相较其他两相有 2K 及以上的温差，则可判定该相为严

重及以上缺陷;

  C. 10kV浇筑式电压互感器如果存在以本体为中心的整体发热,且当温差超过4K时,应进行特性或局部放电量测试试验;

  D. 油浸式电压互感器如果存在整体温升偏高,且当温差超过2～3K时,应进行介质损耗、空载、油色谱及油中含水量测量

18. 关于红外热像仪,下列说法正确的是（ ）。

  A. 空间分辨率越小,意味着热像仪能分辨出物体的尺寸越大;

  B. 空间分辨率越小,意味着热像仪能分辨出物体的尺寸越小;

  C. 温度分辨率表示测温仪能够辨别被测目标最大温差变化的能力;

  D. 温度分辨率表示测温仪能够辨别被测目标最小温差变化的能力

19. 检测金属材料时发现有部分位置温度比较高,周边无其他干扰,则可能的原因是（ ）。

  A. 温度高的部分涂了漆;   B. 温度高的部分有凹陷;

  C. 温度高的部分颜色较暗; D. 温度高的部分更加光亮

20. 红外测温适用于"电流致热型"设备的判断方法是（ ）。

  A. 表面温度判断法;   B. 同类比较判断法;

  C. 图像特征判断法;   D. 相对温差判断法

21. 瓷绝缘子发热的热像特征是（ ）。

  A. 正常绝缘子串的温度分布同电压分布规律,即呈现对称的马鞍形,相邻绝缘子温差很小,以铁帽为发热中心的热像图,其比正常绝缘子温度高;

  B. 在绝缘良好和绝缘劣化的结合处出现局部过热,随着时间

的延长，过热部不会移动；

C. 发热温度比正常绝缘子要低，热像特征与绝缘子相比，呈暗色调；

D. 热像特征是以瓷盘为发热区的热像

22. 油浸式电压互感器红外热成像图谱特征为整体温升偏高，且中上部温度高，则故障特征可能有（　　）。

A. 匝间短路；　　　　　　　　B. 局部放电；

C. 铁芯损耗增大；　　　　　　D. 介质损耗偏大

23. 关于物体红外辐射与物体温度的关系，以下描述正确的是（　　）。

A. 物体温度越高，红外辐射越强；

B. 物体温度越高，红外辐射越弱；

C. 物体的红外辐射能量与温度的四次方成正比；

D. 红外辐射强度与物体的材料、温度、表面光度、颜色等有关

24. 决定红外热像仪性能的重要参数是（　　）。

A. 测温一致性；　　　　　　　B. 温度分辨率；

C. 准确度；　　　　　　　　　D. 空间分辨率

25. 关于辐射率对红外图像的影响，以下描述错误的是（　　）。

A. 物体的辐射率与物体的材料、温度、表面光度、颜色等无关；

B. 低辐射率物体的红外图像表面温度接近环境温度；

C. 物体温度越高，红外辐射越弱；

D. 并无直接影响

26. 影响红外测量的因素有（　　）。

    A. 大气影响；   B. 辐射率影响；

    C. 风速影响；   D. 光照影响

27. 以下对非黑体红外辐射率的说法正确的是（　　）。

    A. 相同材料的物体，表面越粗糙，红外辐射率越高；

    B. 非金属的红外辐射率一般比金属高；

    C. 非金属红外辐射率随温度升高而减小；

    D. 金属红外辐射率随温度升高而增大

28. 已知距离 80m 的传输线的连接装置上有一个热点，使用红外热像仪检测温度时，它的温度读数要比预料的小得多，甚至低于环境温度。造成该现象的可能原因有（　　）。

    A. 辐射量设置不合适；   B. 没有准确聚焦；

    C. 距离太远无法准确测量；   D. 电平值设置不合适

29. 电力电缆进行红外热成像检测试验，其主要检测部位有（　　）。

    A. 外护套屏蔽接地点；   B. 交叉互联箱；

    C. 电缆终端；   D. 非直埋式电缆中间接头

30. 红外热成像检测电容式高压套管末屏发热的主要原因有（　　）。

    A. 末屏套管绝缘不良；   B. 末屏引线太短；

    C. 接地端螺母松动；   D. 末屏引线松动或脱落

31. 高压隔离开关发热故障的主要原因有（　　）。

    A. 合闸不到位；   B. 分闸不到位；

    C. 触头间接触不垂直不水平； D. 合闸操作过度

32. 氧化锌避雷器带电检测的项目主要有（　　）。

    A. 红外热成像检测；

B. 相对介质损耗及电容量测试；

C. 运行中持续电流检测；

D. 绝缘电阻测试

33. 电力变压器进行红外热成像检测试验，其主要检测部位有（　　）。

A. 套管及将军帽接头以及接线夹；

B. 储油柜；

C. 外壳及箱体螺栓；

D. 冷却装置；

E. 吸湿器；

F. 电流互感器升高座

34. 红外热像仪需要校验的项目有（　　）。

A. 噪声等效温差；　　　　　B. 准确度；

C. 测温一致性；　　　　　　D. 连续稳定工作时间

35. 关于红外热像仪的说法，正确的是（　　）。

A. 环境温度设置值越高，测量结果越低；

B. 大气温度设置值越高，测量结果越低；

C. 相对湿度设置值越低，测量结果越高；

D. 距离参数设置值越高，测量结果越高

36. 高压套管表面污秽发热时，热点的发热功率主要由（　　）决定。

A. 系统频率；　　　　　　　B. 污秽介质损耗因数；

C. 电压分布；　　　　　　　D. 泄漏电流

37. 红外热成像精确检测对环境要求较高，在检测电压致热型设备的内部缺陷时，特别要消除（　　）的影响。

A. 附近热辐射源；　　　　　B. 灯光；

C. 谐波电流；　　　　　　　　D. 噪声

38. 物体自身辐射量取决于（　　　　）。

A. 物体自身的温度；　　　　　B. 物体表面材料；

C. 物体颜色；　　　　　　　　D. 物体表面光滑度

39. 物体在某一温度下的红外辐射功率与（　　　　）成正比。

A. 物体表面温度；　　　　　　B. 物体的辐射率；

C. 物体的反射率；　　　　　　D. 物体表面温度的四次方

40. 对于高压电气设备的发热故障，从红外检测与诊断的角度可划分为内部故障和外部故障。以下为内部故障的是（　　　　）。

A. 介质损耗增大故障；

B. 绝缘老化，开裂或脱落故障；

C. 金属封装的设备箱体涡流过热；

D. 缺油故障

41. 根据热缺陷的类型，常用的判断方法有（　　　　）。

A. 表面温度判断法；　　　　　B. 图像特征判断法；

C. 差值判断法；　　　　　　　D. 档案分析判断法；

E. 同类比较判断法

42. 根据国家电网公司运检一〔2014〕108《变电设备带电检测工作指导意见》，330～750kV（一类变电站）中 GIS 设备红外热成像检测的检测周期是（　　　　）。

A. 运维单位 1 周；

B. 省电科院 3 个月；

C. 省电科院 6 个月；

D. 迎峰度夏前、迎峰度夏期间、迎峰度夏后各开展 1 次

43. 在 GIS 的红外测温中，发现某电压互感器间隔三相电压互感器均存在发热，且三相均由下而上发热均匀，其中 A 相的最高温度为 18℃，B 相最高温度为 17.8℃，C 相最高温度为 17.9℃，环境参考体温度为 14.1℃，大气温度为 14.3℃，以下对该三相电压互感器红外测温结果分析正确的有 (　　)。

　　A. 该三相互感器温升均超过了 3K，存在电压致热型缺陷，均为严重缺陷；

　　B. 三相互感器没有缺陷；

　　C. 三相互感器内部均存在局部接触不良导致的电流致热型缺陷；

　　D. 三相互感器发热的原因主要是漏磁

44. 红外热像检测图谱的下列参数中，能够进行后期软件调节的有 (　　)。

　　A. 颜色；　　　B. 辐射率；　　　C. 焦距；　　　D. 测量距离

45. 以下可能是变压器油温异常升高的原因有 (　　)。

　　A. 变压器过负荷；　　　　　　B. 冷却系统运行异常；

　　C. 变压器发生故障或异常；　　D. 环境温度过高

三、判断题

1. 红外热像仪只能测量玻璃表面的温度，而不能透过玻璃测量。
　　　　　　　　　　　　　　　　　　　　　　　　　　(　　)

2. 红外热成像仪不可以检测泄漏的 SF_6 气体。　　　　(　　)

3. 因为红外线有穿透性，所以可以在雷、雨、雾、雪等天气状态下检测。
　　　　　　　　　　　　　　　　　　　　　　　　　　(　　)

4. 在室内使用热像仪检测需要注意避开灯光的干扰。　　(　　)

5. 红外热像仪的校准使用的是精密黑体。 （ ）

6. 氧化黄铜的发射率一般在 0.6 左右。 （ ）

7. 在低负荷条件下，用红外热像仪检测的目标的实际温度会比测量值高。 （ ）

8. 背景温度修正通常指对目标所反射的背景辐射出的能量进行修正。 （ ）

9. 在有雾的天气条件下进行红外热像检测需要对大气透过率进行设置。 （ ）

10. DL/T 664—2008《带电设备红外诊断应用规范》规定，一般不在低于 40% 以下的负荷进行热像检测。 （ ）

11. 在夜间进行室外检测，其检测效果通常比白天好，原因是避开了阳光的反射干扰。 （ ）

12. 热像仪在开机预热中不会影响到温度检测的精度。 （ ）

13. 红外热像仪在低温情况下需要进行充分预热才可以进行检测。 （ ）

14. 热像仪的 IFOV 是 1.3mrad，对 1cm 接头进行检测时，最远可以在 10m 的距离。 （ ）

15. 热像仪显示的温度最小读数是 0.1℃，但并不代表测温精度是 0.1℃。 （ ）

16. DL/T 664—2008《带电设备红外诊断应用规范》规定，一般检测要求的室外风速通常不超过 0.5m/s。 （ ）

17. 在检测三相接线排时，如果发现有 30℃ 左右的热点，需要考虑人体能量对目标的反射干扰。 （ ）

18. 检测金属材料时发现有部分位置温度比较高，其原因之一是

材料表面不平或有凹陷造成的发射率较高。（　　）

19. 热像仪在开机后需进行内部温度校准，待图像稳定后即可开始工作。（　　）

20. 在安全距离允许的条件下，红外仪器宜尽量靠近被测设备，使被测设备（或目标）尽量充满整个仪器的视场。（　　）

21. 热像仪存放应有防湿措施和干燥措施。（　　）

22. DL/T 664—2008《带电设备红外诊断应用规范》规定，精确检测的发射率通常设置为0.90。（　　）

23. 在精确检测中需要记录被测设备的负荷情况。（　　）

24. 对于电气柜，红外热像仪可以直接透过柜门进行检测。（　　）

25. 雨、雪会覆盖在设备表面，影响红外热像检测的准确性。（　　）

26. 热像仪可透过塑料薄膜进行检测。（　　）

27. 红外测温仪是以被测目标的红外辐射能量与温度成一定函数关系的原理而制成的仪器。（　　）

28. 红外诊断电力设备内部缺陷是通过设备外部温度分布场和温度的变化，进行分析比较或推导来实现的。（　　）

29. 红外线是一种电磁波，它在电磁波连续频谱中的位置处于无线电波与可见光之间的区域。（　　）

30. 应用红外辐射探测诊断方法，能够以非接触、实时、快速和在线监测方式获取设备状态信息，是判定电力设备是否存在热缺陷，特别是外部热缺陷的有效方法。（　　）

31. 红外热成像带电检测高压电缆外部金属连接部位时，当相间温差超过6℃时应加强监测，超过10℃应申请停电进行检查。（　　）

四、问答题

1. 什么是红外辐射？

2. 什么是红外检测（红外热成像）？

3. 什么是红外热成像技术？

4. 什么是工业检测型红外热像仪？

5. 什么是红外诊断？

6. 如何利用简便的方法确定某个物体（材料）的发射率？

7. 发射率与目标物体有什么联系？

8. 红外热成像仪有效的检测距离能达到多远？

9. 温升和温差有什么不同？

10. 什么是噪声等效温差？

11. 什么是黑体？

12. 什么是灰体?

13. 什么是测温一致性?

14. 什么是相对温差?

15. 什么是环境温度参照体?

16. 什么是反射温度?

17. 电力设备热状态异常有哪两种? 对电力设备进行红外检测与
　　故障诊断的基本原理是什么?

18. 现场实际测量时如何获得清晰的红外热图?

19. 实际测量目标太小或观测距离太大时应如何处理?

20. 如何用最快捷、最简单的操作方法摄取一幅红外图谱?

21. 使用什么办法能将摄取的红外图像最佳化?

22. 电力设备通常主要有哪些故障缺陷?

23. 如何保证红外成像检测结果的正确?

24. 红外检测发现的设备缺陷类型的确定及处理方法分别是什么?

25. 为什么线路红外检测中会出现目标温度过低或负数?

26. 线路红外检测出现目标温度过低或负数应如何处理?

27. 日常如何对红外热成像仪进行维护与保养?

第二章

油中溶解气体分析

一、单选题

1. 对某故障变压器油色谱分析，其成分中总烃含量不高，氢气大于 $100\mu L/L$，甲烷为总烃含量的主要成分，用特征气体判断属于（　　）。

    A. 火花放电；　　　　　　　　B. 严重过热；

    C. 电弧放电；　　　　　　　　D. 一般性过热

2. 油中溶解气体分析取样一般应从设备（　　）阀门取样，特殊情况下可在不同部位取样。

    A. 上部；　　　B. 中部；　　　C. 底部；　　　D. 任何部位

3. 当三比值第一组比值编码为 0 时，变压器内部可能存在（　　）类型故障。

    A. 过热性故障；　　　　　　　B. 变压器受潮；

    C. 火花放电性故障；　　　　　D. 电弧放电性故障

4. 油中溶解气体分析油样保存不超过（　　）天。

    A. 3；　　　　　B. 4；　　　　　C. 5；　　　　　D. 6

5. 主要特征气体是 CH_4、C_2H_4 的故障类型是（　　）。

    A. 油过热；　　　　　　　　　B. 油和纸过热；

    C. 局部放电；　　　　　　　　D. 火花放电

6. 主要特征气体是 CH_4、C_2H_4、CO、CO_2 的故障类型是（　　）。

    A. 油过热；   B. 油和纸过热；

    C. 局部放电；   D. 火花放电

7. 主要特征气体是 H_2、C_2H_2 的故障类型是（　　）。

    A. 油过热；   B. 油和纸过热；

    C. 油纸绝缘中局部放电；   D. 火花放电

8. 气相色谱法是一种（　　）。

    A. 电化学法；   B. 物理分离法；

    C. 化学分离法；   D. 生化分离法

9. GB/T 7252—2001《变压器油中溶解气体分析和判断导则》中，对气相色谱仪中乙炔的最小检知浓度是（　　）$\mu L/L$。

    A. 0.1；   B. 0.2；   C. 0.5；   D. 1.0

10. 振荡装置要求注射器放置时头部比尾部高出（　　）。

    A. $5°$；   B. $15°$；   C. $10°$；   D. $30°$

11. 振荡脱气法分离油中溶解气体的方法属于（　　）。

    A. 不完全脱气；   B. 完全脱气；

    C. 真空脱气；   D. 加热脱气

12. 采集样品必须具有（　　），这是保证结果真实的先决条件。

    A. 多样性；   B. 代表性；   C. 合法性；   D. 合理性

13. 变压器油色谱分析中，色谱峰半峰宽是以（　　）做单位表示。

    A. cm；   B. min；   C. mV；   D. mA

14. 密封式充油电气设备总烃绝对产气速率的注意值为（　　）mL/d。

    A. 6；   B. 120；   C. 12；   D. 240

15. 油中溶解气体分析气相色谱法中，用 TCD 检测器检测的是
（　　）。

　　A. 一氧化碳；　B. 二氧化碳；　C. 甲烷；　　　D. 氢气

16. 油中溶解气体分析气相色谱法中，用 FID 检测器检测的是
（　　）。

　　A. 氧气；　　　　B. 氮气；　　　C. 甲烷；　　　D. 氢气

17. 色谱仪中镍触媒转化炉的作用是（　　　）。

　　A. 将氧气转化为烃类以便检测；

　　B. 将氢气转化为烃类以便检测；

　　C. 将烃类转化为氢气以便检测；

　　D. 将一氧化碳、二氧化碳转化为烃类以便检测

18. 导则推荐运行中变压器、电抗器油中溶解气体浓度的注意值，总
烃为不大于（　　）μL/L。

　　A. 10；　　　　B. 100；　　　C. 500；　　　D. 150

19. 下列变压器油中溶解气体分析的组分中，不属于气态烃的是
（　　）。

　　A. 甲烷；　　　B. 乙烯；　　　C. 乙烷；　　　D. 氢气

20. 下列不是气相色谱法优点的是（　　）。

　　A. 分离效能高；　　　　　　B. 分析速度快；

　　C. 不需要用标气；　　　　　D. 样品用量少

21. 330kV 及以上电抗器当出现痕量 C_2H_2 小于（　　）μL/L 时，也
应引起注意，如油中气体出现异常，但判断不会危及绕组和铁芯
安全时，可以在超注意值较大的情况下运行。

　　A. 0.1；　　　　B. 1；　　　　C. 0.2；　　　　D. 2

22. 总烃不高，$H_2 > 100\mu L/L$，并占氢烃总量的 90% 以上，CH_4 占总烃的 75% 以上。H_2/CH_4 的比值 >10 甚至超过 20，在跟踪分析时，二者同比增加是属于（   ）故障。

   A. 低温过热；   B. 局部放电；

   C. 高温过热；   D. 电弧放电

23. 总烃不高，$C_2H_2 > 10\mu L/L$，并且 C_2H_2 一般占总烃的 25% 以上，H_2 一般占氢烃总量的 27% 以上，C_2H_4 占总烃的 18% 以下属于（   ）故障。

   A. 高温过热；   B. 局部放电；

   C. 火花放电；   D. 电弧放电

24. 总烃较高，C_2H_2 占总烃的 6%~18%，H_2 占氢烃总量的 27% 以下时，属于（   ）故障。

   A. 低温过热；   B. 局部放电；

   C. 高温过热；   D. 电弧放电兼过热

25. 三比值编码为"120"的故障类型是（   ）。

   A. 低温过热；   B. 局部放电；

   C. 高温过热；   D. 电弧放电兼过热

26. 当怀疑故障涉及固体绝缘材料时（高于 200℃），可能 CO_2/CO 小于（   ）。

   A. 1；   B. 2；   C. 3；   D. 5

27. 对运行中的设备，随着油和固体绝缘的老化，（   ）会呈现有规律的增长。

   A. CO 和 CO_2；

   B. N_2 和 O_2；

C. H$_2$ 和 O$_2$；

C. 总烃

28. 当热点温度较高时，（ 　　 ）含量为总烃的主要成分。

A. 甲烷； 　　 B. 乙烯； 　　 C. 乙烷； 　　 D. 乙炔

29. 相对产气速率也可以来判断充油电气设备内部状况，总烃的相对产气速率大于（ 　　 ）时应引起注意。

A. 1％； 　　 B. 2％； 　　 C. 5％； 　　 D. 10％

30. 导则推荐 200kV 套管油中溶解气体浓度的注意值中，总烃为不大于（ 　　 ）μL/L。

A. 100； 　　 B. 200； 　　 C. 150； 　　 D. 500

31. 对某故障变压器油进行色谱分析，其成分中总烃含量不高，氢气大于 100μL/L，甲烷为总烃含量的主要成分，用特征气体判断属于（ 　　 ）。

A. 一般性过热； 　　 　　 B. 严重过热；

C. 局部放电； 　　 　　 D. 火花放电

32. 在进行色谱分析时，室温为 20℃，则 50℃ 时，平衡状态下油样的体积是（ 　　 ）mL。

A. 39.04； 　　 B. 40.96； 　　 C. 40.00； 　　 D. 45.00

33. 色谱仪的标定原则上应每天用外标气样作定量标准，进行两次标定，取其平均值，两次标定误差应在平均值的（ 　　 ）以内。

A. ±2％； 　　 B. ±0.5％； 　　 C. ±1％； 　　 D. ±1.5％

34. 当 C$_2$H$_2$/H$_2$ 大于（ 　　 ）时，应鉴别本体油中气体是否来自开关室的渗漏。

A. 1； 　　 B. 2； 　　 C. 3； 　　 D. 4

35. 若有载变压器中切换开关室的油和变压器本体油之间渗漏，开关室中的油受开关切换动作时的电弧放电作用，分解产生大量的 C_2H_2 可达总烃的（　　）以上，H_2 可达氢烃总量的（　　）以上。

    A. 60%，50%；   B. 60%，40%；

    C. 80%，70%；   D. 90%，80%

36. 若有载变压器中切换开关室的油和变压器本体油之间渗漏，开关室中的油受开关切换动作时的电弧放电作用，本体油中气体组分三比值多为（　　）特征。

    A. 022 或 202；   B. 202 或 212；

    C. 201 或 002；   D. 202 或 002

37. DL/T 722—2014《变压器油中溶解气体分析和判断导则》推荐隔膜式变压器乙炔绝对产气速率注意值为（　　）mL/d。

    A. 0.1；   B. 0.2；   C. 6；   D. 12

38. 气体继电器中自由气体分析判断时，如果理论值远大于实际值，说明（　　）。

    A. 设备故障不严重或是正常的；

    B. 存在潜伏性故障，且发展速度快，持续时间短，应引起重视；

    C. 可能存在潜伏性故障

39. 变压器油做油中溶解气体分析的目的是为了检查是否存在潜伏性（　　）故障。

    A. 过热、放电；   B. 酸值升高；

    C. 绝缘受潮；   D. 机械损坏

40. 对变压器危害最大的气体放电是（　　）放电。

    A. 电晕；   B. 气泡；   C. 电弧；   D. 沿面

41. 充油电气设备内部故障性质为高于 700℃ 的高温过热，其三比值编码为（　　）。

　　A. 201；　　　　　B. 022；　　　　C. 102；　　　　D. 001

42. 用（　　）做载气，氢焰检测器的灵敏度高。

　　A. N_2；　　　　　B. Ar；　　　　　C. H_2；　　　　D. He

43. 在色谱分析操作条件中，对分离好坏影响最大的是（　　）。

　　A. 柱温；　　　　B. 载气流速；　　C. 进样量；　　D. 载气压力

44. 变压器油中溶解气体的一些组分，如（　　）等，有时可能是其他原因由外面带入的。

　　A. 甲烷、乙烷；　　　　　　B. 甲烷、乙烯；

　　C. 二氧化碳；　　　　　　　D. 乙烯、乙炔

45. 下列气体中，既有毒性又有具有可燃性的是（　　）。

　　A. O_2；　　　　　B. N_2；　　　　　C. CO；　　　　D. CO_2

46. 变压器油中含有（　　）可以与铁作用生成氢气。

　　A. 氧；　　　　　B. 水；　　　　　C. 氮气；　　　D. 纤维纸

47. 变压器局部高能量内部放电或由短路造成的闪络，沿面放电或电弧产生的故障为（　　）故障。

　　A. 局部放电；　　　　　　　B. 低能量放电；

　　C. 高能量放电；　　　　　　D. 局部过热

48. 混合标准气体中（　　）组分含量易发生变化。

　　A. 甲烷；　　　　B. 乙烯；　　　　C. 乙炔；　　　D. 氢气

49. 油浸电力变压器的气体保护装置轻瓦斯信号动作，取气体分析，结果是无色、无味、不可燃，色谱分析为空气，变压器应（　　）。

　　A. 必须停运；　　　　　　　B. 可以继续运行；

C. 不许投入运行；　　　　　D. 要马上检修

50. 充油电气设备中的油面气体及气体继电器的气体称为（　　）。

A. 残留气体；　B. 自由气体；　C. 故障气体；　D. 空气

二、多选题

1. 油中溶解气体分析主要检测的气体有（　　）。

A. 氢气；

B. 一氧化碳；

C. 甲烷、乙烯、乙烷、乙炔；

D. 氮气、氧气

2. 油中溶解气体分析的方法主要有（　　）。

A. 气相色谱法；　　　　　B. 红外光谱法；

C. 光声光谱法；　　　　　D. 电解法

3. 色谱法具有（　　）等许多化学分析法无可与之比拟的优点。

A. 分离效能高；　　　　　B. 分析速度快；

C. 样品用量少；　　　　　D. 灵敏度高；

E. 适用范围广

4. 油中溶解气体的故障诊断依据是（　　）。

A. 产气的累计性；　　　　B. 产气的速率；

C. 产气的特征；　　　　　D. 产气的顺序

5. 氢焰离子化检测器（**FID**）不能直接进行检测的气体是（　　）。

A. 氢气；　　　　　　　　B. 氧气、氮气

C. 一氧化碳、二氧化碳；　D. 甲烷、乙烯、乙烷、乙炔

6. 充油电气设备内部局部放电时其故障特征气体是（　　　）。

　　A. 氢气；　　　　B. 甲烷；　　　　C. 乙烯；　　　D. 乙炔

7. 取好的油样应放入专用样品箱内，在运输中应（　　　）。

　　A. 尽量避免剧烈震动；　　　　　B. 防止容器破碎；

　　C. 尽量避免空运；　　　　　　　D. 避光

8. 油中溶解气体分析取样时要求用（　　　）。

　　A. 100mL 注射器；　　　　　　　B. 专用三通；

　　C. 小口瓶；　　　　　　　　　　D. 正压采集

9. 只要故障不是发展的特别迅速，故障下产生的气体就会在油中溶解与扩散，从取样阀中取样就具有（　　　）。

　　A. 离散性；　　　B. 均匀性；　　　C. 一致性；　　　D. 代表性

10. 对于一个有效的分析结果，应按以下步骤进行诊断（　　　）。

　　A. 判定有无故障；　　　　　　　B. 判断故障类型；

　　C. 诊断故障的状况；　　　　　　D. 提出相应的处理措施

11. 电弧放电时的特征气体是（　　　）。

　　A. 一氧化碳；　　B. 乙炔；　　　　C. 氢气；　　　D. 甲烷

12. 引起变压器内部故障气体增长的原因很多，属于变压器内部故障的有（　　　）。

　　A. 高温过热；　　　　　　　　　B. 局部放电；

　　C. 电弧放电；　　　　　　　　　D. 有载开关箱内渗

13. 能够影响色谱分析保留时间的因素是（　　　）。

　　A. 载气的压力；　　　　　　　　B. 进样量；

　　C. 载气的流速；　　　　　　　　D. 色谱柱箱的温度

14. 能够影响光声光谱法测试数据准确的因素有 （   ）。

    A. 油样的进样量；   B. 测试瓶盖的密封状态；

    C. 电磁搅拌；   D. 管路的清洁程度

15. 在色谱标定分析中，通过校正因子的大小可判断 （   ）。

    A. 检测器的灵敏度；   B. 分析人员的操作水平；

    C. 色谱仪的稳定状态；   D. 标准气的准确程度

16. 在取样过程中，造成油样误差的因素有 （   ）。

    A. 与空气接触；   B. 样品中有气泡；

    C. 负压取样；   D. 注射器样品卡涩

17. 采用振荡脱气法的色谱分析中，参与分析结果计算的参数有 （   ）。

    A. 环境温度；   B. 环境湿度；

    C. 大气压力；   D. 脱气后油和气的体积

18. 当故障涉及固体绝缘时，会引起 （   ） 含量的明显增长。

    A. 空气；   B. 一氧化碳；   C. 氢气；   D. 二氧化碳

19. 使用外标法的注意事项有 （   ）。

    A. 必须保持分析条件稳定，进样量恒定，否则误差较大；

    B. 样品含量必须在仪器的线性响应范围内；

    C. 校正曲线应一次进行校准，一经校准后就不允许改动；

    D. 如分析条件严格稳定，对同一物质，含量与峰高响应信号呈线性关系时，定量计算可采用简化的峰高法，否则，都采用峰面积法

20. 在色谱分析中，提高氢焰检测器（FID）灵敏度的方法有 （   ）。

    A. 采用氮气作载气；

B. 在一定范围内增加氢气和空气的流量；

C. 将空气和氢气预混合，从火焰内部供氧；

D. 收集级和喷嘴之间有合适的距离；

E. 维持收集极表面清洁

21. 在色谱分析中，影响热导检测器（TCD）灵敏度的因素有（　　）。

A. 桥电流大小；

B. 载气种类；

C. 热敏元件的电阻温度系数；

D. 热导池的几何因子以及池体温度

22. 在气相色谱分析中，（　　）不是定性的参数。

A. 保留值；　　　B. 峰高；　　　　C. 峰面积；　　　D. 半峰宽

三、判断题

1. 随着温度上升，变压器油裂解生成的烃类气体最大值出现的顺序是：甲烷、乙炔、乙烷、乙烯。　　　　　　　　　（　　）

2. 在计算平衡判据时，若不平衡度 $K>3$，说明设备故障较严重，K 值越大，故障越严重，故障发展得越迅速。　　　（　　）

3. 若潜油泵的滤网堵塞就容易导致油中 H_2 明显增加。　（　　）

4. 火花放电是高能量放电，常以绕组匝层间绝缘击穿为多见，其次为引线断裂或对地闪络和分接开关飞弧等故障。　（　　）

5. 分离度是定量描述两相邻组分在色谱柱中分离情况的主要指标，它等于相邻组分色谱峰保留值之差与两色谱峰基线宽度总和之半的比值。　　　　　　　　　　　　　　（　　）

6. 变压器故障可分为内部故障和外部故障两种，内部故障是指变压器油箱内发生的故障，主要是绕组间相间短路、单相匝间短路、单相接地短路等；常见的外部故障主要是套管渗漏油、引线接头发热及小动物造成单相接地、相间短路等。（　　）

7. 分析 CO 的主要目的是了解固体绝缘有无热分解。（　　）

8. 绝对产气速率表示法能直接反映出故障性质和发展程度，包括故障源的功率、温度和面积等。（　　）

9. 气相色谱议 H_2 的最小检知浓度为 $20\mu L/L$。（　　）

10. 变压器油中溶解气体含量超过标准规定的注意值，则设备一定存在故障。（　　）

11. 在气相色谱分析时，要保证两次或两次以上的标定重复性在 0.5％以内。（　　）

12. CO 和 CO_2 的形成不仅随温度而且随油中氧的含量和纸的温度增加而增加。（　　）

13. 油中溶解气体分析的故障气体是氢气（H_2）、甲烷（CH_4）、乙烷（C_2H_6）、乙烯（C_2H_4）、乙炔（C_2H_2）、一氧化碳（CO）、二氧化碳（CO_2）、氮气（N_2）、氧气（O_2）。（　　）

14. 乙烯是在高于甲烷和乙烷的温度（大约为500℃）下生成的。（　　）

15. 乙炔一般在 800～1200℃下生成。（　　）

16. 变压器局部高能量内部放电或由短路造成的闪络，沿面放电或电弧产生的故障为局部故障。（　　）

17. 油过热产生的主要气体是 C_2H_6 和 CH_4。（　　）

18. 镍触媒转化器的功能是将一氧化碳和二氧化碳转化为甲烷。

（　　）

19. 如果气体继电器内的自由气体浓度明显超过油中溶解气体浓度，说明释放气体较多，设备内部存在产生气体较快的故障。

（　　）

20. 根据改进的特征气体法，总烃较高，$CH_4 > C_2H_4$，C_2H_2 占总烃的 2% 以下是属于低于 500℃ 的过热故障。　　（　　）

21. 在变压器里，当产气速率大于溶解速率时，会有一部分气体进入气体继电器或储油柜中。　　　　　　　　　（　　）

22. 最小检知浓度除了和色谱峰区域宽度，鉴定器的敏感度成正比外，还与色谱柱允许的进样量有关，进样量越大，最小检知浓度就越低。　　　　　　　　　　　　　　（　　）

23. 分析 O_2 的主要目的是了解脱气程度和密封好坏，严重过热时 O_2 也明显减少。　　　　　　　　　　　（　　）

24. 相对产气速率表示法能直接反映出故障性质和发展程度，包括故障源的功率、温度和面积等。　　　　　　　（　　）

25. 温度和氧对纤维素热分解起主要作用。　　　（　　）

26. 气样从油中脱出后，应尽量不让这些气体组分有选择地对油样回溶。　　　　　　　　　　　　　　　　　（　　）

27. DL/T 722—2014《变压器油中溶解气体分析和判断导则》推荐的注意值是划分设备是否正常的唯一判据。（　　）

28. 分析 N_2 的主要目的是了解氮气饱和程度。　（　　）

29. 分析 C_2H_4 的主要目的是了解热源温度。　（　　）

30. 分析 C_2H_2 的主要目的是了解有无放电或高温热源。（　　）

31. 混合标准气体的组分浓度不应过大或过小，应尽量与样品中气体浓度相接近，才能减少定量误差。　　　　　（　　）

32. 试验方法更新后，原方法自行废止。　　　　　（　　）

33. 三比值用来判断变压器等电气设备的内部故障的类型，对气体含量正常的比值是没有意义的。　　　　　（　　）

34. 气相色谱分析使用的标准混合气体有效期为 1 年。　　（　　）

35. 通过色谱法检测 CO 和 CO_2，并根据其含量的变化，就可判断故障是否涉及至固体绝缘材料。　　　　　（　　）

36. 当变压器的气体继电器内有气体聚集时，应取气样进行分析，这些气体的组分和含量是判断设备是否存在的故障及故障性质的主要依据之一。　　　　　（　　）

37. 糠醛是变压器中绝缘纸因降解而产生的最主要特征液体分子。
　　　　　（　　）

38. 变压器色谱在线监测系统可以实现对大型变压器油中溶解气体 7 种组分（氢气、甲烷、乙烷、乙烯、乙炔、一氢化碳、二氧化碳）的在线检测。　　　　　（　　）

39. 对变压器进行色谱分析时，如果特征气体为氢气，则说明变压器内部存在放电故障。　　　　　（　　）

40. 柱温降低，将使色谱分析时间缩短。　　　　　（　　）

41. 色谱分析计算时，相对校正因子不受操作条件的影响，只随检测器的种类而改变。　　　　　（　　）

42. 在任何情况下，三比值编码为 000 时，可以确认设备无故障。
　　　　　（　　）

43. 变压器油中的糠醛含量可以反映纸绝缘的老化情况。（　　）

44. 变压器内出现的故障往往是单一某种类型的故障。（　　）

四、问答题

1. 如何进行两种产气速率的比较？

2. 色谱分析的追踪周期是如何确定的？

3. 总烃高，$C_2H_4 > CH_4$，C_2H_2 占总烃的 6% 以下，H_2 一般占氢烃总量的 27% 以下。请用特征气体法判断故障类型。

4. 总烃不高，$H_2 > 100\mu L/L$，并占氢烃总量的 90% 以上，CH_4 占总烃的 75% 以上。H_2/CH_4 的比值大于 10 甚至超过 20，在跟踪分析时，二者同比增加。请用特征气体法判断故障类型。

5. 一般总烃高，有几百 $\mu L/L$ 甚至更多，乙炔一般大于 $4\mu L/L$，接近 2% 总烃，乙炔和总烃增加都快，C_2H_4/C_2H_6 比值也较高，并且 C_2H_4 的产气速率往往高于 CH_4 的产气速率，CH_4/H_2 的比值要大（一般大于 3）。请用特征气体法判断故障类型。

6. 某台 SSPL-120000/220 型的主变压器，某年运行中取油样色谱分析，发现总烃超标，立即进行跟踪试验，几次取样数据如表 2-1 所示，同时经电气试验发现直流电阻不平衡率有超标现象，数据如表 2-2 所示。试分析故障类型及估计故障部位。

表 2-1　　　　　　变压器主要色谱分析结果　　　　（单位：$\mu L/L$）

日期　　组分	H_2	CH_4	C_2H_6	C_2H_4	C_2H_2	CO	CO_2	总烃
3 月 20 日	156	240	54	399	0.98	1070	15559	694
3 月 25 日	136	279	59	492	2.95	1174	16772	832
3 月 30 日	136	362	125	826	3.74	1374	17535	1318
4 月 5 日	118	419	152	1046	4.77	1133	16208	1629
4 月 18 日	—	24	6.63	50.32	—	67.87	1033	81.31
7 月 12 日	19.6	67.9	18.81	153.97	1.83	1097	10043	242.55

注　4 月 18 日测试数据为更换新油后取样测得。

表 2-2　　　　　　直 流 电 阻 测 试 数 据

项目	测试数据（Ω）			三相电阻不平	温度
	A_0	B_0	C_0	衡率（%）	（℃）
高压Ⅲ档	0.3687	0.3674	0.3910	6.4	
分接开关滚动操作后	0.3526	0.3507	0.3516	0.5	

7. 油中溶解气体组分分析的对象有哪些？其目的是什么？

8. 油中溶解气体分析为什么能检测与诊断变压器等充油电气设备内部的潜伏性故障？

9. 充油设备的油中，溶解气体的主要来源是哪些因素？

10. 绝缘油和绝缘纸材料在不同温度和能量作用下主要产生哪些气体？

11. 充油电气设备的故障类型有哪些？

12. 变压器油色谱数据异常时如何处理？

13. 正常运行中的变压器本体内，绝缘油的色谱分析中，氢、乙炔和总烃含量异常超标的原因是什么？如何处理？

14. 变压器在什么情况下应进行额外的油中溶解气体分析？

15. 有载分接开关的切换开关，在切换过程中产生的电弧使油分解，所产生的气体中有哪些成分？主要成分的浓度可能达到多少？

16. 如何利用色谱分析法对气体继电器动作（报警）原因进行判断？

17. 变压器轻瓦斯继电器报警如何处理？

18. 新投入运行的变压器在试运行中，轻瓦斯继电器动作应如何分析处理？

19. 变压器重瓦斯继电器保护动作后如何处理？

20. 变压器有载分接开关重瓦斯继电器动作跳闸如何检查处理？

21. 变压器内部有放电性故障时如何处理？

22. 变压器内部有过热性故障时如何处理？

23. 一台型号为 SFPSZ8-120000/220 的变压器，联结组标号为 YN、yn0、d11，电压比为：220/121/10.5kV，色谱分析故障编码为021，套管连同绕组的直流电阻测试、铁芯绝缘电阻测试正常，由 10kV 侧进行低电压空载试验，测得空载电流如表 2-3 所示。

表 2-3　　　　　　　　**变压器的空载电流**

加压侧	施加电压（V）	短路侧	测得电流（A）
ab	250	bc	0.495
bc	250	ca	0.63
ac	250	ab	0.79

请分析缺陷产生的原因和部位。

24. 一台容量为 40MVA 的电力变压器，电压比为 110kV/10.5kV，高压侧配 M 型有载分接开关。运行中发现色谱超标，用三比值法分析编码为 022（700℃ 以上的高温），且 CO、CO_2 增长不大，试分析故障可能存在的部位。安排哪些试验手段来排除或确定故障部位？

25. 如何用色谱分析的方法判断是切换开关室的油渗漏引起的故障？

26. 为什么要对油中气体饱和达到饱和释放所需时间进行计算?

27. 色谱油样在保存和运输过程中有哪些要求?

28. 应用三比值法判断变压器内部故障时应注意什么?

29. 气相色谱分析中判断变压器故障与发展趋势有哪些方法?

五、计算题

1. 某台变压器,油量为 20t,第一次取样进行色谱分析,乙炔含量为 4.0×10^{-6},相隔 3 个月后又取样分析,乙炔为 5.5×10^{-6}。求此变压器乙炔含量的相对产气速率。

2. 在进行色谱分析时,室温为 20℃,求 50℃时,平衡状态下油样的体积。

3. 某变压器,油量 40t,油中溶解气体分析结果如表 2-4 所示,请运用三比值法判断可能存在何种故障(油的密度为 0.895g/cm³)。

表 2-4　　　　　　　油中溶解气体组分浓度　　　　单位:μL/L

分析日期	H_2	CO	CO_2	CH_4	C_2H_4	C_2H_6	C_2H_2	$\sum C_X H_Y$
1990.7	93	1539	2598	58	27	43	0	138
1990.11	1430	2000	8967	6632	6514	779	7	13932

4. 在进行色谱分析时，查大气压 101.1kPa，室温为 25℃，脱出油样气体体积为 5.0mL。求标准大气压下的平衡气体体积。

5. 某变压器，油量 40t，油中溶解气体分析结果如表 2-5 所示，求（1）变压器的绝对产气速率（每月按 30 计）。（2）判断是否存在故障（油的密度为 0.895g/cm³）。

表 2-5　　　　　　油中溶解气体组分浓度　　　　单位：$\mu L/L$

分析日期	H_2	CO	CO_2	CH_4	C_2H_4	C_2H_6	C_2H_2	$\sum C_XH_Y$
1990.7.1	93	1539	2598	58	27	43	0	138
1990.11.1	1430	2000	8976	6632	6514	779	7	13932

6. 根据表 2-6 所示的色谱分析数据，按照表 2-7 给出的奥斯特瓦尔德系数（GB/T 17623—1998《绝缘油中溶解气体组分含量的气相色谱测定法》），试进行 220kV 主变压器的油中气体达到饱和状态所需时间的估算。

表 2-6　　　　　　色 谱 分 析 数 据　　　　单位：$\mu L/L$

分析日期	CH_4	C_2H_4	C_2H_6	C_2H_2	H_2	CO	CO_2	总烃	备注
2004.7.26	0.69	0	0	0	0	3.34	10.33	0.69	局放前
2004.7.27	1.02	0.15	0.28	0	4.66	20.46	275.98	1.45	运行
2004.7.31	17.76	32.92	3.52	2.12	21.95	29.68	278.06	56.32	运行

表 2-7　　　各种气体在矿物绝缘油中的奥斯特瓦尔德系数

气体组分	K_i		
	IEC 60599—1999		GB/T 17623—1998
	20℃	50℃	50℃
H_2	0.05	0.05	0.06

续表

气体组分	K_i		
	IEC 60599—1999		GB/T 17623—1998
	20℃	50℃	50℃
O_2	0.17	0.17	0.17
N_2	0.09	0.09	0.09
CO	0.12	0.12	0.12
CO_2	1.08	1.00	0.92
CH_4	0.43	0.40	0.39
C_2H_4	1.70	1.40	1.46
C_2H_6	2.40	1.80	2.30
C_2H_2	1.20	0.9	1.02

第三章

特高频法超声波法
局部放电检测

一、单选题

1. 频谱仪的作用是 (　　)。

    A. 测量信号的时域波形；　　　　B. 观察信号的局放谱图；

    C. 观察信号的典型图谱；　　　　D. 测量信号的频率成分

2. 超声波是指频率高于 (　　) 的声波。

    A. 100kHz；　　B. 300MHz；　　C. 20kHz；　　D. 150kHz

3. 下列电气设备中，不宜用超声波法进行局防检测的是 (　　)。

    A. 隔离开关；　　　　　　　　B. GIS；

    C. 开关柜；　　　　　　　　　D. 高压电缆终端

4. 下列电气设备中，不宜用特高频法进行局部放电检测的是 (　　)。

    A. 高压电缆本体；　　　　　　B. GIS；

    C. 开关柜；　　　　　　　　　D. 高压电缆终端

5. 电力电缆高频局放检测的信号频率范围为 (　　)。

    A. 10～100kHz；　　　　　　　B. 3～30MHz；

    C. 100kHz～10MHz；　　　　　D. 1～10GHz

6. GIS局部放电可用 (　　) 方法进行检测。

    A. 特高频、超声波；　　　　　B. 高频、超声波；

    C. 高频、地电波；　　　　　　D. 特高频、地电波

7. 无线电射频根据频率和波长的不同，可以划分为不同的波段，特高频频带范围规定为（　　）。

A. 300MHz～1GHz；　　　　　B. 300MHz～3GHz；

C. 300kHz～1GHz；　　　　　D. 1～10GHz

8. 特高频与高频局部放电检测过程中是否需要电压同步信号（　　）。

A. 特高频需要；　　　　　B. 高频需要；

C. 均不需要；　　　　　D. 均需要

9. 检测电力设备局部放电的目的在于反映其（　　）。

A. 高温缺陷；　　　　　B. 机械损伤缺陷；

C. 伴随局放现象的绝缘缺陷；　D. 变压器油整体受潮缺陷

10. 对于下列 GIS 典型缺陷，超声波局放检测技术不灵敏的是（　　）。

A. 自由金属颗粒；　　　　　B. 绝缘内部气隙；

C. 内部电晕；　　　　　D. 悬浮电极

11. 电力设备局部放电检测中的同步信号通常的指（　　）。

A. 同时发生的局部放电信号；

B. 与被测电磁波同时发射的调制信号；

C. 被测电力设备上所施加的正弦电压信号；

D. 局部放电信号

12. 下列设备缺陷当中，可以用特高频局部放电检测法进行检测的是（　　）。

A. SF_6 气体纯度偏低；

B. 设备机械部件缺损；

C. 充油设备渗漏油；

D. 设备固体绝缘内部存在气隙或空穴

13. 下列设备缺陷当中，可以用超声波检测法进行检测的是 （   ）。

A. SF_6 气体纯度偏低；

B. GIS 内部存在粉尘颗粒；

C. 充油设备渗漏油；

D. 设备固体绝缘内部存在气隙或空穴

14. 下列几种常见超声波、特高频局部放电检测图谱，不需要进行相位同步就可以使用的是 （   ）。

A. PRPD 谱图；   B. PRPS 谱图；

C. 飞行模式谱图；   D. 连续模式谱图

15. 超声波局部放电飞行模式图谱，横坐标表示 （   ）。

A. 相位或以时间代表的相位；

B. 两个脉冲之间的时间间隔；

C. 脉冲的幅值；

D. GIS 内部颗粒的数量

16. 超声波局部放电飞行模式图谱主要用来分析 （   ）。

A. 自由颗粒； B. 悬浮放电； C. 尖端放电； D. 空穴放电

17. 下列局放检测放法中，可以应用放电量对缺陷劣化程度进行定量表述的包括 （   ）。

A. 物高频法；   B. 超声波法；

C. 暂态地电波法；   D. 脉冲电流法

18. GIS 操作冲击电压对 （   ） 绝缘缺陷最为有效。

A. 高压导体上的一般突起； B. 自由微粒；

C. 悬浮电极；   D. 绝缘子裂缝

19. 国家电网公司新的十八项反措规定，（　　）kV 及以上电压等级
GIS 应加装内置局部放电传感器。

　　A. 110；　　　　B. 220；　　　　C. 330；　　　　D. 500

20. 在运行状态下对 GIS 进行超声波及特高频局部放电检测属于 GIS
的（　　）类检修。

　　A. A；　　　　B. B；　　　　C. C；　　　　D. D

21. GIS 的额定电压是指（　　）。

　　A. 系统线电压；

　　B. 系统相电压；

　　C. 能够连续运行的最高线电压；

　　D. 能够连续运行的最高相电压

22. 下列不属于电晕放电波形特点的是（　　）。

　　A. 放电信号通常在工频相位的一个半波出现；

　　B. 放电信号强度较弱且相位分布较宽，放电次数较多；

　　C. 较高电压等级下另一个半周也可以出现放电信号；

　　D. 放电信号在工频相位的正、负半周基本对称性

23. 超高频局部放电检测是通过检测电力设备局部放电激发的
（　　）信号来反映电力设备内部绝缘状况。

　　A. 特高频电磁波；　　　　　　B. 机械波；

　　C. 高频电流；　　　　　　　　D. 暂态地电压

24. 超声波局部放电检测是通过检测电力设备局部放电激发的
（　　）信号来反映电力设备内部绝缘状况。

　　A. 特高频电磁波；　　　　　　B. 机械波；

　　C. 高频电流；　　　　　　　　D. 暂态地电压

25. GIS 局部放电检测时，关于橡皮锤的使用，下面说法不正确的是（ ）。

A. 使用橡皮锤敲击后，会激发内部的颗粒、振动悬浮等缺陷，便于发现隐患；

B. 运行条件下，敲击可能使隐患加剧，造成故障，因此许多单位禁止运行时使用橡皮锤敲击 GIS；

C. 橡皮锤敲击不会给 GIS 运行带来任何改变；

D. 现场交接试验时，如发现较弱信号，可通过橡皮锤敲击观察信号变化情况

26. 下面有关电力设备局部放电测量中常用的 PRPD（Phase Resolved Partial Discharge）图谱，说法不正确的是（ ）。

A. 通过采集一定数量点构成的点阵图；

B. 纵轴代表幅值，横轴代表相位；

C. 必须进行相位同步；

D. 不能明显区分各类放电

27. 下列不属于超声波检测 GIS 内部存在自由颗粒缺陷特征的是（ ）。

A. 连续模式下，信号峰值明显增大，且不稳定；

B. 连续模式下，频率相关性不明显，或远小于信号峰值；

C. 脉冲模式下具有典型的"三角驼峰"形状；

D. PRPD 模式下，点集中为基本对的两簇

28. 根据规定，GIS 设备内部的绝缘操作杆、支撑绝缘子等部件在试验电压下单个部件的局部放电量不能超过（ ）pC。

A. 5； B. 10； C. 50； D. 3

29. GIS 组合电器绝缘下降主要是由于（   ）的影响。

    A. SF_6 气体杂质；   B. SF_6 中水分；

    C. SF_6 比重；   D. SF_6 设备绝缘件

30. 国家电网公司《关于加强气体绝缘金属封闭开关设备全过程管理重点措施》要求，72.5～363kV 和 550～800kV GIS 的交接试验的交流耐压值应为出厂值的（   ）。

    A. 0.8 和 0.7；   B. 1.0 和 0.8；

    C. 1.0 和 0.9；   D. 1.1 和 1.0

31. 同一变压器两侧（或三侧）的成套 SF_6 组合电器（GIS \ PASS \ HGIS）隔离开关和接地开关之间应有（   ）。

    A. 机械连锁； B. 电气联锁； C. 机械联动； D. 电气联动

32. 成套 SF_6 组合电器（GIS \ PASS \ HGIS）五防功能应齐全、性能良好，出线侧应装设具有（   ）的带电显示装置，并与线路侧接地开关实行。

    A. 五防功能； B. 闭锁功能； C. 自检功能； D. 遥测功能

33. GIS 抽真空检漏法：抽真空达到 133Pa 后，再抽真空 30min，停泵 30min 后，读取真空度 A，5h 后读取真空度 B，$B-A$（   ）Pa 即视为合格。

    A. <1330；   B. >1330；   C. <133；   D. >133

34. 在现场对密度继电器性能的检测主要内容有：①报警（补气）启动压力值；②闭锁启动压力值；③闭锁返回压力值；④报警（补气）返回压力值。所测压力参数应符合制造厂的要求。所测压力应参照 SF_6 气体温度-压力曲线并修正到（   ）℃时值。

    A. 0；   B. 10；   C. 25；   D. 20

35. 弹簧机构发生拒绝电动合闸的主要原因在于，电动储能不到位，挂簧拐臂（　　），行程开关便将储能电机电源切除，这时将无法实现电动合闸。

　　A. 停止位置靠前；　　　　　　　B. 停止位置靠后；

　　C. 还没有过死点位置；　　　　　D. 未打到行程开关

36. GIS 断路器额定峰值耐受电流应为额定短时耐受电流的（　　）倍。

　　A. 2；　　　　B. 2.5；　　　　C. 3；　　　　D. 3.5

37. GIS 设备内部燃弧试验期间施加的短路电流应为（　　）。

　　A. 额定峰值耐受电流；　　　　B. 1.1 倍额定短时耐受电流；

　　C. 额定短时耐受电流；　　　　D. 1.1 倍额定峰值耐受电流

38. GIS 的母线筒结构可分为全三相（　　）体结构、不完全三相共体式结构、全（　　）箱式结构。

　　A. 分，共；　　B. 共，分；　　C. 共，共；　　D. 分，分

39. GIS 设备抽真空后，需使用高纯氮气冲洗 3 次，并将清出的吸附剂、金属粉末等废物放入 20% 的氢氧化钠溶液中浸泡（　　）h 后深埋。

　　A. 8；　　　　B. 12；　　　　C. 16；　　　　D. 24

40. GIS 设备中断路器、隔离开关和接地开关出厂试验时应进行不少于（　　）次机械操作试验。

　　A. 50；　　　　B. 100；　　　　C. 200；　　　　D. 300

41. SF$_6$ 密度继电器与开关设备本体之间的连接方式应（　　）。

　　A. 便于微水测试和示数的读取；

　　B. 便于巡视；

　　C. 固定可靠，不泄漏；

D. 满足不拆卸校验密度继电器的要求

42. SF₆ 电气设备中水分含量的体积比分数与质量比分数比值是
（　　）。

    A. 18/146；   B. 146/18；   C. 146/22.4； D. 22.4/146

43. 在 GIS 安装中，测量回路电阻应在（　　）。

    A. 任意时间；   B. 充 SF₆ 气体前；

    C. 与抽真空同时进行；   D. 抽真空之前

44. SF₆ 气体的热传导性能较差，其导热系数只有空气的 2/3。但 SF₆
气体的定压比热是空气的（　　）倍，故其综合表面散热能力比
空气更优越。

    A. 3.1；   B. 3.2；   C. 3.4；   D. 3.5

45. 特高频局部放电检测过程中若检测出异常信号后，首先需要进行
的工作是（　　）。

    A. 使用示波器进行定位；

    B. 查看该设备检测历史数据；

    C. 排除干扰，大致确定信号是设备内部还是外部；

    D. 使用超声波进行复测

46. 特高频信号在 GIS 内部传播过程中会受到衰减，对传播影响严重
的两种情况为 GIS 管体拐角和金属屏蔽盆式绝缘子注胶孔，下面
对两种因素说法正确的是（　　）。

    A. 拐角高频成分衰减严重，注浇孔低频成分衰减严重；

    B. 拐角低频成分衰减严重，注浇孔高频成分衰减严重；

    C. 两者都对低频成分产生严重衰减；

    D. 两者都对高频成分产生严重衰减

47. GIS 超声波检测中纵波在 20℃ 时的传播速度 （m/s）从大到小排序的是 （ ）。

    A. 环氧树脂＞钢＞SF_6＞空气；

    B. 环氧树脂＞钢＞SF_6＞空气；

    C. 钢＞环氧树脂＞空气＞SF_6；

    D. 钢＞环氧树脂＞SF_6＞空气

48. GIS 局部放电检测超声波传感器频率范围是 （ ） kHz。

    A. 20～60；   B. 20～80；   C. 40～80；   D. 80～200

49. 超声波传感器类型不包括 （ ）。

    A. 磁致伸缩式；   B. 电容耦合式；

    C. 电磁式；   D. 压电式

50. 气体绝缘金属封闭开关设备局部放电超声波检测的频率范围是 （ ） kHz。

    A. 20～200；   B. 30～200；   C. 20～300；   D. 20～400

51. 根据 Q/GDW 1168—2013《输变电设备状态检修试验规程》中规定：220kV 及以上 GIS 的 SF_6 气体湿度检测例行试验周期为 （ ）。

    A. 半年；   B. 一年；   C. 两年；   D. 三年

52. dBmV 用于表征相对于基准值为 1mV 局部放电量 dB 量值的表示法，例如某一信号的实际幅值为 10mV，则其 dB 量值为 （ ）。

    A. 0；   B. 10；   C. 20；   D. 40

53. 如果应用 GIS 特高频 PRPS 模式检测到的图谱如图 3-1 所示，其缺陷类型最可能为 （ ）。

    A. 金属尖端放电；   B. 金属颗粒放电；

    C. 悬浮电极放电；   D. 外界移动电话信号

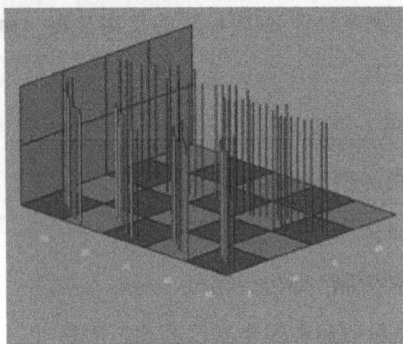

图 3-1　应用 GIS 特高频 PRPS 模式检测到的图谱

54. 特高频传感器灵敏度 *H* 的计算方法是（*U*—传感器检测电压；*A*—传感器检测电流；*E*—被测电场）（　　）。

　A. $H=U/A$；　　B. $H=U/E$；　　C. $H=E/A$；　　D. $H=A/E$

55. 现场干扰根据其时域特征的不同，可分为不同的干扰类型，手机信号属于（　　）。

　A. 白噪声干扰；　　　　　　　B. 窄带周期性干扰；

　C. 定频周期性干扰；　　　　　D. 周期型脉冲干扰

56. GIS UHF 现场检测采用滤波器排除干扰信号时，对外部电晕信号和手机信号分别采用（　　）频段的滤波器。

　A. 下限截止频率 300MHz 的高通、900MHz 的窄带阻波；

　B. 下限截止频率 300MHz 的高通、1100MHz 的窄带阻波；

　C. 下限截止频率 500MHz 的高通、900MHz 的窄带阻波；

　D. 下限截止频率 500MHz 的高通、1100MHz 的窄带阻波

57. 2006 年，国家电网公司通过与（　　）进行同业对标，引进特高频局部放电检测技术。

　A. 英国中央电力局；　　　　　B. 苏格兰电力公司；

C. 新加坡新能源电网公司；　　　D. 新加坡国家电力公司

58. 在 UHF 检测中，通常信号放大器的性能用幅频特性曲线表征，一般情况下在其通带范围内放大倍数为（　　）dB 以上。

A. 15；　　　　B. 17；　　　　C. 20；　　　　D. 23

59. 使用 AIA－2 对××GIS 变电站某段母线进行超声波局部放电检测，检测图谱如图 3-2 所示，则最有可能的放电类型为（　　）。

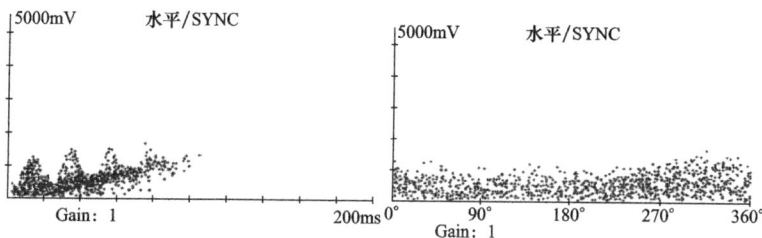

图 3-2　超声波局部放电检测图谱

A. 悬浮屏蔽放电；　　　　　　　B. 沿面放电；

C. 毛刺放电；　　　　　　　　　D. 自由金属颗粒放电

60. 超声波的声发射传感器常用（　　）做压电材料。

A. 钛酸铅；　　　　　　　　　　B. 锆钛酸铅；

C. 钛酸钡；　　　　　　　　　　D. 铌酸锂

61. 超声波传感器中，压电晶片的谐振频率与其厚度的乘积约等于（　　）倍波速。

A. 1.5；　　　　B. 2；　　　　C. 0.5；　　　　D. 1

62. 关于局部放电，以下说法错误的是（　　）。

A. 局部放电起始电压是指试品上出现可观测到的局部放电时试品两端施加的最低电压值；

B. 局部放电熄灭电压是指当加于试品上的电压从已测到局部放电的较高值逐渐降低时，直至在试验测量回路中能够观测到局部放电时的最高电压；

C. 局部放电熄灭电压一般低于局部放电起始电压；

D. 在局部放电的试品两端注入一定电荷量，使试品端电压的变化量和局部放电时端电压变化量相同，此时注入电荷量为视在放电量，视在放电量小于实际放电量

63. 使用超声波检测 GIS 局部放电，连续模式下信号峰值很大，但相位相关性不明显，监测区域较大且信号在罐体上沿圆周方向变化不明显，则最可能的缺陷是（　　）。

  A. 自由颗粒；   B. 尖端放电；

  C. 机械振动；   D. 悬浮放电

64. 依据 Q/GDW 11059. 2—2013《气体绝缘金属封闭开关设备局部放电带电测试技术现场应用导则　第 2 部分：特高频法》的要求，特高频局部放电检测系统基本功能不包括（　　）。

  A. 具备抗外部干扰的功能；

  B. 报警阈值可设定；

  C. 可与外施高压电源进行同步，并可通过移相的方式，对测量信号进行观察和分析；

  D. 检测图谱显示功能

65. 局部放电产生的超声波在 GIS 内部气体传播中衰减较大，其衰减的主要原因是（　　）。

  A. 扩散；   B. 反射；   C. 热传导；   D. 折射

66. 使用超声波局部放电检测某 GIS 气室，在连续测量模式下发现幅值较大，存在 50Hz 与 100Hz 相关性，100Hz 相关性略高，脉冲模式下信号表现出明显的"三角驼峰"形状，并在对罐体进行敲击后信号明显增大，根据以上信息判断该缺陷类型最有可能为（　　）。

    A. 悬浮电位放电；　　　　　B. 自由金属颗粒放电；

    C. 电晕放电；　　　　　　　D. 机械振动

67. GIS 设备超声波检测一般选用（　　）。

    A. 10～20kHz 的接触式传感器；

    B. 20～100kHz 的接触式传感器；

    C. 80～200kHz 的接触式传感器；

    D. 80～160kHz 非接触式传感器

68. GIS 中局部放电产生的特高频信号在壳体内传播时，在经过（　　）后衰减最严重。

    A. 盆式绝缘子；

    B. 拐弯结构；

    C. T 型接头；

    D. 隔离开关及断路器等不连续点

69. 从距离 5m 的平直的 GIS 母线两个盆式绝缘子处测得特高频局放原始波形，两波波形相同，起始位置相差 4.93ns，局放距离较近的盆式绝缘子距离约（　　）m。

    A. 1.6；　　　　B. 1.8；　　　　C. 2.0；　　　　D. 2.2

70. 内外置特高频局部放电传感器在检测方面最大的区别是（　　）。

    A. 尺寸和机械性不同；　　　　B. 灵敏度不同；

C. 持续性不同; D. 抗干扰性不同

71. 超声波局部放电飞行模式图谱横坐标表示的是 ( )。

 A. 相位或以时间代表的相位;

 B. 两个脉冲之间的时间间隔;

 C. 脉冲的幅值;

 D. GIS 内部颗粒的数量

72. 应用超声波法对 GIS 进行局部放电检测时,如果检测信号区域大,且在圆周方向上信号变化不大,以下说法正确的是 ( )。

 A. 信号源位于中心导体;

 B. 信号源位于信号最强点的罐体上;

 C. 无法确定正确信号源位置;

 D. 以上说法都不正确

73. 进行超声波局部放电检测时,以下方法中不能判断出内部尖刺是位于 GIS 导体上还是位于壳体上的是 ( )。

 A. 相位同步后采用相位检测模式检测;

 B. 根据超声波传感器能检测到信号的区域范围及信号变化情况;

 C. 超声波检测时改变检测带宽观察信号变化大小;

 D. 根据信号幅值大小进行比对分析

74. 在现场进行 GIS 特高频局放检测时,经常遇到各种外部干扰,典型的干扰谱图如图 3-3 所示,其干扰类型依次为 ( )。

 A. 马达干扰、手机信号干扰;

 B. 雷达干扰、手机信号干扰;

 C. 马达干扰、荧光干扰;

 D. 雷达干扰、荧光干扰

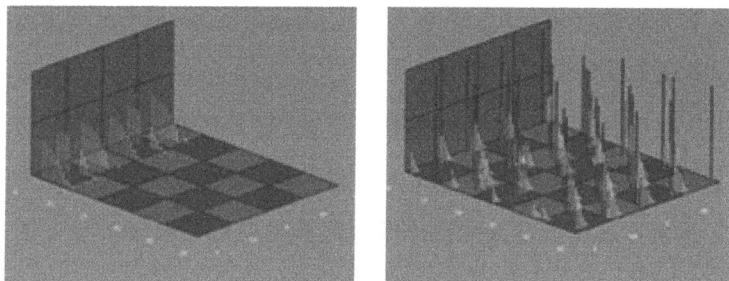

图 3-3 典型干扰图谱

75. 根据《变电设备带电检测工作指导意见》（2014〔108〕号文），特高频局放测试仪校验比对周期为（　　）年。

   A. 1；   B. 2；   C. 3；   D. 5

76. 使用超声波法对 GIS 或变压器局放检测时，传感器检测到的是（　　）。

   A. 横波；   B. 纵波；   C. 表面波；   D. 以上均可

77. 在进行气体绝缘金属封闭开关设备局部放电超声波检时，测量点尽量选择在隔室侧（　　）。

   A. 上方；   B. 侧方；   C. 下方；   D. 无所谓

78. GIS 常见放电缺陷中，（　　）放电缺陷与正弦波的相位无关。

   A. 电晕放电缺陷；   B. 自由金属颗粒放电缺陷；

   C. 悬浮电位放电缺陷；   D. 气隙放电缺陷

79. 下列几种常见超声波、特高频局部放电检测图谱，不需要进行相位同步就可使用的是（　　）。

   A. PRPD 谱图；   B. PRPS 谱图；

   C. 飞行模式谱图；   D. 连续模式谱图

80. 下列局部放电检测方法中，可以应用放电量对缺陷劣化程度进行定量表述的包括（　　）。

　　A. 特高频法；　　　　　　　　B. 超声波法；

　　C. 暂态地电波法；　　　　　　D. 脉冲电流法

81. 下面不是超声波法检测 GIS 内部存在自由颗粒缺陷特征的是（　　）。

　　A. 连续模式下，信号峰值明显增大，且不稳定；

　　B. 连续模式下，频率相关性不明显，或远小于信号峰值；

　　C. 脉冲模式下具有典型的"三角驼峰"形状；

　　D. PRPD 模式下，点集中为基本对称的两簇

82. 如果应用 GIS 特高频 PRPS 模式检测到的图谱如图 3-4 所示，其缺陷类型最可能为（　　）。

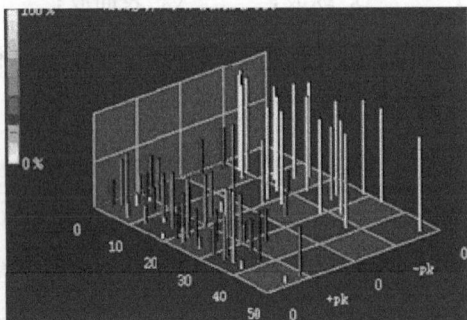

图 3-4　缺陷图谱

　　A. 金属尖端放电；　　　　　　B. 金属颗粒放电；

　　C. 悬浮电极放电；　　　　　　D. 外界移动电话信号

83. 应用特高频对 GIS 局部放电检测时，放电在工频相位正负半周出现，具有一定对称性，放电幅值较分散，放电次数较少，则最有可能的缺陷为（　　）。

　A. 绝缘内部气隙放电；　　　　　B. 尖端放电；

　C. 内部悬浮放电；　　　　　　　D. 自由颗粒放电

84. 特高频典型干扰图谱有荧光干扰、移动电话干扰、电机干扰、雷达干扰，对图 3-5 所示的典型干扰图谱描述正确的是（　　）。

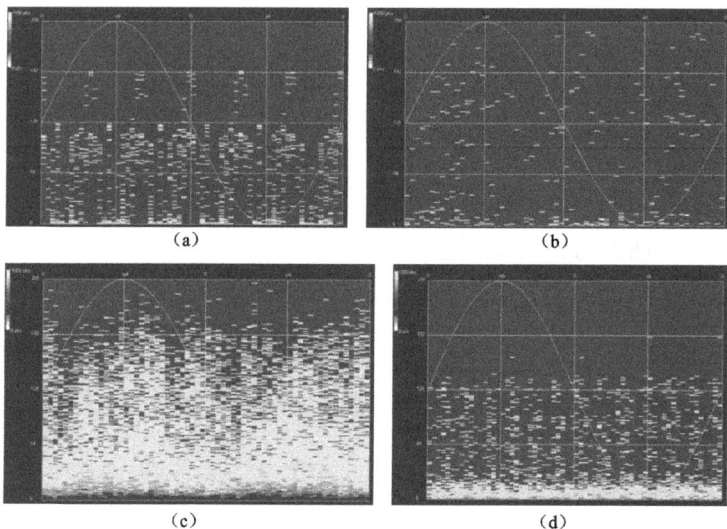

（a）　　　　　　　　　　　　　（b）

（c）　　　　　　　　　　　　　（d）

图 3-5　特高频典型干扰图谱

　A. 图（a）为移动电话干扰，图（b）为荧光干扰；

　B. 图（a）为雷达干扰，图（b）为荧光干扰；

　C. 图（c）为马达干扰，图（d）为雷达干扰；

　D. 图（c）为荧光干扰，图（d）为移动电话干扰

85. 根据图 3-6 所示的特高频局部放电时域波形，结合典型缺陷放电特征，可判别两波形的缺陷类型为（　　）。

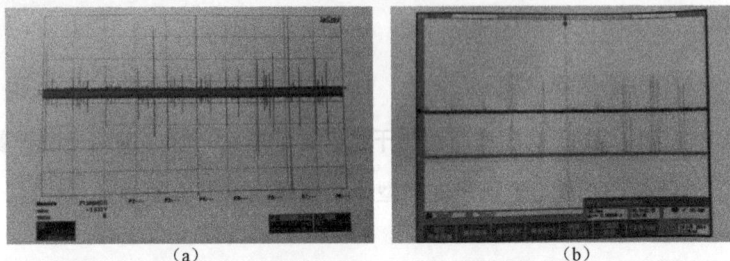

（a）　　　　　　　　　　　　　　（b）

图 3-6　特高频局部放电时域波形

A. 图（a）为绝缘缺陷放电，图（b）为金属屏蔽放电；

B. 图（a）为金属屏蔽放电，图（b）为绝缘缺陷放电；

C. 两图均为绝缘缺陷放电；

D. 两图均为金属屏蔽放电

86. 使用 AIA-2 对××GIS 变电站某段母线进行超声波局部放电检测，检测位置及图谱如图 3-7 所示，则最有可能的放电类型为（　　）。

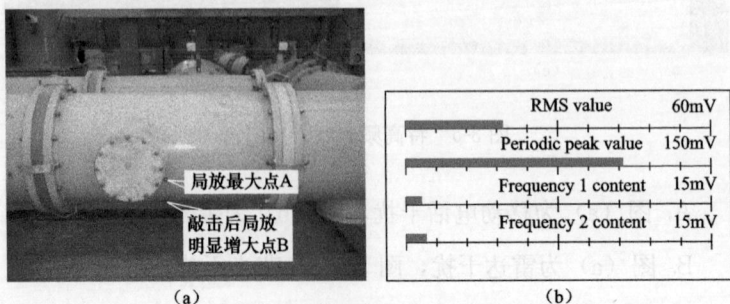

局放最大点A

敲击后局放明显增大点B

RMS value	60mV
Periodic peak value	150mV
Frequency 1 content	15mV
Frequency 2 content	15mV

（a）　　　　　　　　　　　　　　（b）

图 3-7　超声波局部放电检测

（a）检测位置；（b）图谱

A. 悬浮屏蔽放电；　　　　　B. 沿面放电

C. 毛刺放电；　　　　　　　D. 自由金属颗粒放电

87. 在空气中声波的衰减正比于（　　　），在液体中声波的衰减正比于（　　　），在固体中声波的衰减正比于（　　　）。

A. f　f_2　f_2-f；　　　　　B. f_2　f　f_2-f；

C. f_2-f　f_2　f；　　　　　D. f_2+f　f_2　f_2-f

88. 声波在 SF_6 气体中的传播速度是由（　　　）决定的。

A. 压力；　　　　　　　　　B. 胡克定律；

C. 状态方程；　　　　　　　D. 以上都不是

89. 超声波局部放电检测时，强度为 $0dB\mu V$ 的信号，相当于（　　　）mV。

A. 1；　　　　B. 0.1；　　　　C. 0.01；　　　　D. 0.001

90. Q/GDW 11059.1—2013《气体绝缘金属封闭开关设备局部放电带电测试技术现场应用导则　第 1 部分：超声波法》规定，超声波局部放电检测仪性能要求中误差为（　　　）dB mV。

A. 不超过±40；　　　　　　B. 不超过±30；

C. 不超过±20；　　　　　　D. 不超过±10

91. 将带通滤波器测量频率从 100kHz 减小到 50kHz，若信号水平基本不变，则缺陷位于壳体上。这是因为（　　　）。

A. SF_6 气体的吸收作用；

B. 超声波频率越高衰减越大；

C. 高频信号本来就很少；

D. 这一说法本身就是错误的

92. 特高频局部放电带电检测装置中采用的信号放大器，其性能通常用（　　）来表征。

　　A. 幅值等效高度；　　　　　　B. 频率响应系数；

　　C. 检测频率带宽；　　　　　　D. 幅频特性曲线

93. 应用特高频时间差法对放电源进行定位，当测到的两信号时间差为 10ns，两传感器实际距离为 6m 时，则信号源距离信号后到达传感器距离为（　　）m。

　　A. 4.5；　　　　B. 3；　　　　C. 2；　　　　D. 1.5

94. 现场采用仪器内部电源自同步的便携式仪器进行特高频局部放电检测时，排除外部干扰，脉冲信号集中在正半波峰值处，则可以肯定的缺陷为（　　）。

　　A. 罐体上的尖端放电；

　　B. 导体上的尖端放电；

　　C. 尖端放电缺陷，但无法判断出位于罐体还是导体上；

　　D. 罐体上的自由金属微粒

95. 特高频信号在绝缘子处的衰减为（　　）dB。

　　A. 2；　　　　B. 4；　　　　C. 6；　　　　D. 8

96. 在 SF_6 气体中传播的声波是（　　）波。

　　A. 横；　　　　B. 纵；　　　　C. 表面；　　　　D. 球面

97. 在对某 GIS 设备进行超声波检测时，发现图谱有 50Hz 相关放电信号，而且从相位图上能看出明显的负半周放电特性，则可能发生故障的位置为（　　）。

　　A. GIS 外壳上；　　　　　　B. GIS 支撑绝缘子上；

　　C. GIS 母线上；　　　　　　D. GIS 隔离开关气室

98. 下列（　　）检测模式可表征超声波信号发生的时间间隔。

　　A. 连续；　　　　B. 时域波形；　　C. 相位；　　　　D. 特征指数

99. 在 GIS 特高频局放电检测中，当传感器与放电源呈（　　）夹角时，测得的信号幅值最大。

　　A. 0°；　　　　　B. 30°；　　　　C. 60°；　　　　D. 90°

100. 在 GIS 中特高频电磁波信号除了 TEM 模式以外，还存在（　　）模式的电磁波。

　　A. TE；　　　　　　　　　　B. TM；

　　C. TE 与 TM；　　　　　　　D. 不确定

101. 在 GIS 中，局部放电特高频电磁波传播经过（　　）造成的衰减最大。

　　A. 盆式绝缘子；　　　　　　B. L 型结构；

　　C. T 型结构直线放线；　　　D. T 型结构拐弯放线

102. 在 GIS 中引起局部放电特高频电磁波衰减最大的因素是（　　）。

　　A. SF_6 气体介质引起的传输损耗；

　　B. 传播阻抗不同引起的反射损耗；

　　C. 盆式绝缘子处的泄漏损耗；

　　D. 不确定

103. 在 GIS 中，当尖端的曲率半径增大时，其产生的局部放电特高频信号幅值的变化趋势是（　　）。

　　A. 随之增大；　B. 基本不变；　C. 随之减小；　D. 不确定

104. 在 GIS 中，固体绝缘内部气隙的等效直径增大时，其产生的局部放电特高频信号幅值的变化趋势是（　　）。

　　A. 随之增大；　B. 基本不变；　C. 随之减小；　D. 不确定

105. 在 GIS 中，悬浮金属体与电极之间的距离减小时，其产生的局部放电特高频信号幅值的变化趋势是（　　）。

A. 随之增大；　　　　　　　　B. 基本不变；

C. 随之减小；　　　　　　　　D. 不确定

106. 在 GIS 局部放电超声波检测中，传感器接收到的超声波信号是缺陷放电产生的（　　）。

A. 纵波分量；　　　　　　　　B. 横波分量；

C. 纵波与横波分量；　　　　　D. 不确定

107. 在 GIS 中，放电产生超声波信号的微观过程是（　　）。

A. 光电离；　　　　　　　　　B. 碰撞电离；

C. 热电离；　　　　　　　　　D. 场致电离

108. 在 GIS 中，尖端在接地腔体和高压导体上产生的超声波信号幅值比较结果是（　　）。

A. 在接地腔体产生的幅值大；

B. 在高压导体上产生的幅值大；

C. 两者幅值几乎一致；

D. 无法确性

109. 对于特高频信号，根据国际标准，脉冲幅值采用（　　）为单位。

A. dB；　　B. dBm；　　C. mV；　　D. mW

110. 超声波在 SF_6 气体中的波速与温度的关系是（　　）。

A. 不随温度变化；　　　　　　B. 随温度升高而下降；

C. 随温度升高而升高；　　　　D. 不确定

111. 对于特高频信号幅值单位换算公式表述正确的是（　　）。

A. $X(\text{dBm}) = 10\lg P\ (\text{mW})$；　　B. $X(\text{dBm}) = 20\lg P\ (\text{mW})$；

C. X（dBm）＝lgP（mW）；　　D. X（dBm）＝5lgP（mW）

112. 下列不属于 GIS 局部放电绝缘件内部气隙放电类型特征的是（　　）。

　　A. 放电次数少；　　　　　　B. 周期重复性低；

　　C. 放电幅值较分散；　　　　D. 放电相位不稳定

113. 特高频信号衰减 15dB，则其信号强度为原始信号的（　　）。

　　A. 10％；　　B. 13％；　　C. 15％；　　D. 18％

114. 超声传感器的谐振频率与其压电晶片的厚度成（　　）。

　　A. 正比；　　B. 线性；　　C. 反比；　　D. 非线性

115. GIS 特高频局部放电检测电晕放电的特点是（　　）。

　　A. 放电信号强度较弱且相位分布较集中；

　　B. 放电信号通常在工频周期一个半波出现，放电次数少；

　　C. PRPD 谱图上有两簇相位聚集；

　　D. 在电压升高至一定等级，会在另一个半周也出现放电信号，但放电次数少

116. SF$_6$ 气体对声波的吸收作用与频率的关系是（　　）。

　　A. 与频率成正比；

　　B. 与频率成反比；

　　C. 与频率的二次方成正比；

　　D. 与频率的二次方成反比

117. 声波在空气中传播的形式是（　　）。

　　A. 纵波；　　　　　　　　　B. 横波；

　　C. 纵波或横波；　　　　　　D. 表面波

118. GIS 特高频信号经过连续绝缘子传播，在第一个绝缘子上的衰减要比其他盆式绝缘子（　　）。

    A. 低；   B. 高；

    C. 视特高频频率而定；   D. 没有关系

119. 电力设备超声波局部放电检测中传播媒质超声吸收系数随频率增长（　　）。

    A. 增长；   B. 不变；   C. 降低；   D. 其他

120. 利用红外成像进行 SF_6 气体检漏相比激光检测法，具有（　　）的特点。

    A. 需要规则背景；

    B. 需要佩戴护目镜；

    C. 体积更大；

    D. 非接触，无损测量

121. 在利用高速示波器分析异常信号时，与照明灯干扰信号缺陷类型的放电信号相似的是（　　）。

    A. 自由金属颗粒放电；   B. 悬浮放电；

    C. 电晕放电；   D. 空穴放电

122. 重复频率为秒级的脉冲，拉开到 $20\mu s$ 显示为一连串的脉冲信号，以上是（　　）的示波器。

    A. 波形特征雷达信号；   B. 照明灯；

    C. 移动电话；   D. 电子围栏

123. Q/GDW 11061—2013《局部放电超声波检测仪技术规范》中规定，便携型局部放电超声波检测仪基本功能不包括（　　）。

    A. 测量和显示超声波信号强度；

B. 测试数据存储和导出;

C. 具备报警阈值设置和告警指示功能;

D. 用于例行试验

124. 特高频信号在 GIS 中传播时发生衰减,若特高频局部放电信号幅值为 400mV,传播至某处时信号衰减 12dB,则该处信号幅值应为 ( ) mV。

    A. 300;   B. 200;   C. 100;   D. 50

125. 在电力设备中,绝缘体各区域承受的电场一般是 ( ) 的,电介质是 ( ) 的,有的是由不同材料组成的复合绝缘体,如气体-固体复合绝缘、液体-固体复合绝缘及固体-固体复合绝缘。有的虽然是单一的材料,但在制造或使用过程中会残留一些气泡或其他杂质;于是在绝缘体内部或表面就会出现某些区域的电场强度 ( ) 平均电场强度,某些区域的击穿场 ( ) 平均击穿场强,因此在某些区域就会首先发生放电,而其他区域内仍然保持绝缘的特性,形成局部放电。

    A. 不均匀,不均匀,高于,低于;

    B. 均匀,均匀,高于,低于;

    C. 不均匀,均匀,低于,高于;

    D. 均匀,不均匀,低于,高于

126. 下列不属于超声波法检测 GIS 内部存在自由颗粒特征的是 ( )。

    A. 连续模式下,信号峰值明显增大,且不稳定;

    B. 连续模式下,频率相关性不明显,或远小于信号峰值;

    C. 相位模式下,点集中为幅值不对称的两簇;

    D. 飞行模式下,具有典型的"三角驼峰"形状

127. 依据 Q/GDW 11059.1—2013《气体绝缘金属封闭开关设备局部放电带电测试技术现场应用导则 第 1 部分：超声波法》的说法，以下说法正确的是（ ）。

A. 110（66）kV 及以上电压等级设备 2 年一次；

B. 应在设备投运 1 个月内进行一次运行电压下的检测，记录每一测试点的测试数据作为参考数据，今后运行中测试与历史数据进行纵向比对；

C. 对于运行中的 GIS 设备，颗粒信号的幅值：背景噪声＜V_{peak}＜5dB 可不进行处理，5dB＜V_{peak}≤10dB 应缩短检测周期，监测运行，V_{peak}≥10dB 应进行检查；

D. 进行室外检测时，应避免雨、雪、雾、露等湿度大于80％的天气条件对 GIS 设备外壳表面的影响，并记录背景噪声

128. 超声波信号在（ ）中传播衰减最小。

A. SF_6 气体； B. 环氧树脂； C. CO_2 气体； D. 空气

129. 应用特高频法进行 GIS 局部放电带电检测，当外部电晕干扰信号较强时，不可采取（ ）措施对其进行排除和抑制。

A. 采用屏蔽措施，对被测 GIS 的盆式绝缘子进行屏蔽；

B. 采用下限截止频率为 500MHz 的高通滤波器进行抑制；

C. 采用 300～600MHz 的带通滤波器进行检测；

D. 在被测盆式绝缘子附近放置一背景噪声传感器，同时检测周围环境中的电磁波信号

130. 若不计绝缘子等处的影响，1GHz 的特高频电磁波信号在 GIS 直线筒中衰减仅为（ ）dB/km。

A. 2～6； B. 3～5； C. 2～5； D. 3～6

131. GIS 母线连接腔在特高频波段可视为（　　）谐振腔，电磁波的谐振持续时间一般在数十微秒级，最长可在 10ms 以上。

　　A. 纵轴；　　　　B. 横轴；　　　　C. 同轴；　　　　D. 非同轴

132. 图 3-8 所示特高频局部放电检测 PRPS 典型图谱属于（　　）。

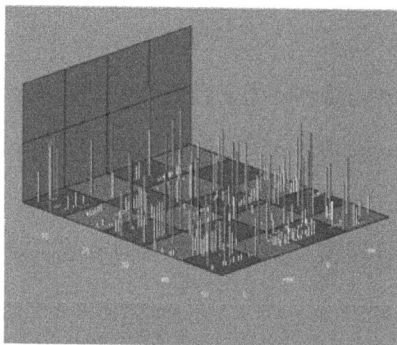

图 3-8　特高频局部放电检测 PRPS 典型图谱

　　A. 移动电话干扰；　　　　　　　　B. 荧光干扰；

　　C. 电机干扰；　　　　　　　　　　D. 雷达干扰

133. 图 3-9 所示特高频局部放电检测放电缺陷属于（　　）。

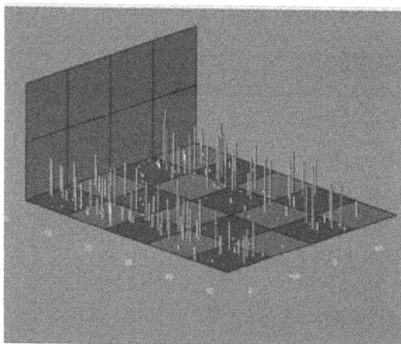

图 3-9　特高频局部放电检测放电缺陷图谱

A. 悬浮放电典型图谱；

B. 电晕放电典型图谱；

C. 自由金属微粒缺陷放电图谱；

D. 绝缘内部空穴或沿面放电典型图谱

134. GIS 超声波局放传感器谐振频率一般选择在（　　）kHz。

A. 20；　　　　B. 40；　　　　C. 120；　　　　D. 160

135. 超声波局部放电检测技术已经成为电力设备局部放电检测的主要方法之一，特别是在带电检测（　　）方面。

A. 采集；　　　B. 处理；　　　C. 分析；　　　　D. 定位

136. 若通过超声波检测法发现 GIS 内部存在电位悬浮放电，则表现为（　　）。

A. 有效值和峰值很大，100Hz 和 50Hz 相关性没有；

B. 存在较强 100Hz 相关性，50Hz 几乎没有；

C. 相位模式下出现多条竖线；

D. 50Hz 相关性较强，100Hz 相关性较弱

137. 下列超声波局放传感器安装方法正确的是（　　）。

A. 安装在 GIS 盆式绝缘子上；

B. 安装在观察窗上；

C. 安装在 GIS 接地引线上；

D. 紧贴 GIS 壳体上

138. 特高频局部放电检测过程中，若检测出异常信号，首先需要进行的工作是（　　）。

A. 使用示波器进行定位；

B. 查看该设备检测历史数据；

C. 排除干扰，大致确定信号是设备内部还是外部；

D. 使用超声波进行复测

139. 进行 GIS 特高频局部放电检测前应先选择测试点，并观察测试点情况，不可进行特高频局部放电测试的部位有（　　）。

A. 金属屏蔽盆式绝缘子注胶孔；

B. 环氧树脂盆式绝缘子；

C. 操动机构观察窗；

D. 金属法兰连接处

140. 特高频局部放电检测过程中，若在设备 A、B、C 三相相同位置均能检测到异常信号，而且异常信号特征、幅值等特征基本一致，随后使用高速示波器同时检测设备三相相同位置，发现 A、C 相信号极性与 B 相相反，则可以判断该异常放电信号源在（　　）。

A. A 相上；

B. B 相上；

C. C 相上；

D. AC 两相上均有可能

141. 特高频信号在 GIS 内部传播过程中会受到衰减，对传播影响严重的两种情况为 GIS 管体拐角和金属屏蔽盆式绝缘子注胶孔，下面对两种因素说法正确的是（　　）。

A. 拐角高频成分衰减严重，注浇孔低频成分衰减严重；

B. 拐角低频成分衰减严重，注浇孔高频成分衰减严重；

C. 两者都对低频成分产生严重衰减；

D. 两者都对高频成分产生严重衰减

142. 在 GIS 超声波局部放电检测过程中，连续模式下信号峰值较大，50Hz 相关性明显，相位模式中点聚集特征明显为一簇，则最有可能的缺陷是（　　）。

　　A. 自由颗粒；　B. 尖端放电；　C. 悬浮放电；　D. 机械振动

143. 在进行特高频局部放电检测定位中，当计算距离小于两个传感器实际距离时，信号源位于（　　）。

　　A. 两个传感器之间，可通过计算确定精确位置；

　　B. 先测到信号传感器外侧；

　　C. 后测到信号传感器外侧；

　　D. 无法确定

144. 应用特高频局部放电对 GIS 进行检测，放电的极性效应非常明显，在工频相位的负半周出线，放电信号强度较弱且相位分布较宽，放电次数较多，则最可能的缺陷是（　　）。

　　A. 绝缘内部气隙放电；　　　　B. 尖端放电；

　　C. 内部悬浮放电；　　　　　　D. 自由颗粒放电

145. 应用特高频局部放电对 GIS 进行检测，放电信号在工频相位的正、负半周均会出现，且具有一同对称性，放电幅值较分散，放电次数较少，则最可能的缺陷是（　　）。

　　A. 尖端放电；　　　　　　　　B. 绝缘内部气隙放电；

　　C. 内部悬浮放电；　　　　　　D. 自由颗粒放电

146. 超声波信号在 GIS 设备中的传播衰减约为（　　）dB/m（50kHz）。

　　A. 20；　　　　B. 40；　　　　C. 60；　　　　D. 80

147. 超声波在钢中的传播距离和气体中相比（　　）。

　　A. 钢中远；　　B. 气体中远；　　C. 一样远；　　D. 不确定

148. DL/T 1250—2013《气体绝缘金属封闭开关设备带电超声局部放电检测应用导则》规定：550kV（363kV）电压等级 GIS 设备（　　）个月进行一次超声波局部放电检测。

　　A. 3；　　　　　B. 6；　　　　　C. 12；　　　　　D. 24

149. 用特高频法时间差对放电源进行定位，A、B 两个盆式绝缘子处放置传感器，测得 A、B 之间距离 6.5m，两个传感器信号时差 13ns，则放电源距离 A 盆式绝缘子（　　）m 处。

　　A. 0.4；　　　　B. 1.4；　　　　C. 2.4；　　　　D. 3.4

150. HGIS 内部元器件不包括（　　）。

　　A. 断路器；　　　　　　　　　　B. 隔离开关；

　　C. 避雷器；　　　　　　　　　　D. 电流互感器

151. GIS 内部包含的元器件不包括（　　）。

　　A. 断路器；　　　B. 隔离开关；　　　C. 避雷器；　　　D. 变压器

152. 在进行气体绝缘金属封闭开关设备局部放电超声波检时，一般在 GIS 壳体轴线方向每间隔（　　）m 左右选取一处。

　　A. 0.2　　　　　B. 0.4　　　　　C. 0.5　　　　　D. 1

153. 应用超声波法对 GIS 进行局部放电测量时，如果将检测信号带宽从 10～100kHz 改为 10～50kHz，信号变化较明显，则下列说法正确的是（　　）。

　　A. 可能是自由颗粒放电；

　　B. 信号源可能位于罐体上；

　　C. 局部放电源可能位于中心导体上；

　　D. 可能是空穴放电

154. 无线电射频根据频率和波长的不同，可以划分为不同的波段，特高频频带范围规定为（　　　），属于电磁波的（　　　）。

　　A. 300MHz～15GHz，无线电波；

　　B. 300MHz～15GHz，微波；

　　C. 300MHz～3GHz，无线电波；

　　D. 300MHz～3GHz，微波

二、多选题

1. 下列关于特高频检测技术的特点描述正确的是（　　　）。

　　A. 特高频传感器分为内置式和外置式；

　　B. 由于波导的不连续性导致电磁波的传播发生折射，分量发生方向改变；

　　C. 检测盆式绝缘子为金属封闭；

　　D. 对于运行年限超过15年以上GIS设备，宜考虑缩短检测周期

2. 在GIS特高频局部放电检测中，测得的放电信号强度与（　　　）有关。

　　A. 局部视在放电量；　　　　　　B. 局部放电的真实放电量；

　　C. 局部放电类型；　　　　　　　D. 放电信号的传播路径

3. 下列关于超声波检测技术描述正确的是（　　　）。

　　A. 测试前先测量空间背景噪声，噪声只来自于环境；

　　B. 在传感器和测试点之间均匀涂抹耦合剂，以免传感器掉落；

　　C. 正常的GIS测量结果应该与背景相同；

　　D. 对有异常的测量信号要进行相位分析，根据不同的判据进行危险性评估

4. 下列关于超声波检测缺陷类型描述正确的是（　　）。

 A. 毛刺一般在导体上，壳体上毛刺危害更大；

 B. GIS 内部只要形成电位悬浮，就是危险的；

 C. 自由颗粒信号幅值大于 200mV 应进行检查；

 D. 绝缘子表面上颗粒发出的超声信号不随距离变化而变化

5. 决定特高频传感器输出信号质量的因素有（　　）。

 A. UHF 信号场强；　　　　　　B. 传感器设计；

 C. 接触面大小和形状；　　　　D. 所测设备内部结构

6. 关于特高频局部放电检测常见干扰信号及其排除、抑制方法，正确的是（　　）。

 A. 手机通信干扰，关闭手机或使用 1GHz 高通滤波器；

 B. 设备外部电晕干扰，使用 500MHz 高通滤波器、方向排除法、屏蔽法；

 C. 荧光噪声干扰，关闭附近光源；

 D. 设备外部悬浮电极干扰，对放电源进行定位、屏蔽法

7. 利用两个传感器对放电源进行时差法定位，传感器对称布置，具体位置如图 3-10（a）所示，时差法定位结果如图 3-10（b）所示，刚好位于两个传感器的中间位置 [图 3-10（b）中上部显示传感器 1 幅值约为 −36dBm，传感器 2 幅值约 −47dBm，时差法定位结果为中点靠近传感器 2 约 0.4m 处，基于定位误差考虑，可认为时差法定位结果为两传感器中点]，下列说法正确的是（　　）。

 A. 放电源位置可能在两传感器中点；

 B. 由于传感器 1 信号幅值更大，放电源位于靠近传感器 1 处；

 C. 放电源位置可能在上方 T 型支路上任意位置；

D. 可能是外部干扰，设备内部未发生发电

(a)

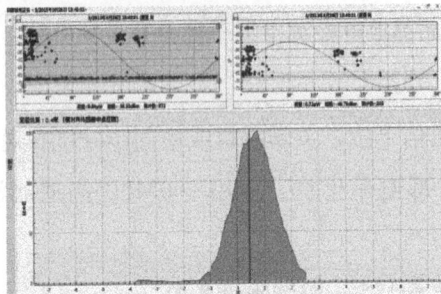

(b)

图 3-10　利用两个传感器进行时差法定位

(a) 传感器位置；(b) 定位结果

8. GIS 特高频局部放电检测技术的关键技术包括（　　）。

A. 有效检测 GIS 内部局部放电并采集数据（峰值）；

B. 有效信号与噪声信号分离；

C. 缺陷类型自动识别；

D. 傅里叶变换信号处理技术

9. GIS 内部自由颗粒表现特征有（　　）。

A. 雷电冲击电压影响小；

B. 工频耐压会有很大的降低；

C. 飞入高场强区域非常危险；

D. 与工频电压有一定的相关性

10. GIS 局部放电检测时，下列数值和 **0dBmV** 等价的是 （　　　）。

A. 0mV；　　　　B. 1mV；　　　　C. 60dBμV；　　D. 30dBμV

11. 关于显著性差异分析法，下列说法正确的是 （　　　）。

A. 用于分析样本的数量应不少于 5 个；

B. 可以分析同一家族设备同一状态量的差异；

C. 可以分析同一设备、同一状态量的历年数据；

D. 状态量未超过注意值或警示值不能使用该方法

12. 根据 **Q/GDW 11059.2—2013** 《气体绝缘金属封闭开关设备局部放电带电测试技术现场应用导则　第 2 部分：特高频法》，下列关于特高频带电检测说法正确的是 （　　　）。

A. 灵敏度：65dBmV；

B. 在设备 A 类检修 1 个月内进行一次运行电压下的特高频局部放电检测，并记录每一点的数据；

C. 正常情况下，252kV 及以下电压等级设备 1 年检测一次，363kV 以上电压等级设备半年检测一次；

D. 测量点必须为非金属屏蔽或金属屏蔽但有浇注口的绝缘盆子

13. 下列电力设备当中，可以应用特高频法进行局部放电检测的是 （　　　）。

A. 高压电缆终端；　　　　　　B. 开关柜；

C. GIS；　　　　　　　　　　D. 高压电缆本体

14. 根据《国家电网公司十八项电网重大反事故措施》的要求，应加强 GIS 带电局部放电检测工作的情况有（　　）。

　　A. 在停电例行试验前；

　　B. 经受短路电流冲击后必要时；

　　C. 在设备 A 类或 B 类检修后；

　　D. 在大负荷之前

15. GIS 中有可能引起电场畸变的主要绝缘缺陷包括（　　）。

　　A. 自由金属微粒；　　　　　　　B. 绝缘子气隙；

　　C. 绝缘子表面金属污染物；　　　D. 悬浮电极

16. 特高频局部放电定位技术主要有（　　）。

　　A. 幅度比较法；

　　B. 信号先后比较法；

　　C. 时间差计算法；

　　D. 平分面法（三维局放定位方法）

17. 特高频局部放电检测经常遇到的干扰有（　　）。

　　A. 手机电话信号；　　　　　　　B. 马达信号；

　　C. 闪光干扰；　　　　　　　　　D. 雷达信号

18. 便携式超声波局部放电检测仪主要组成部件有（　　）。

　　A. 声发射传感器；　　　　　　　B. 检测主机；

　　C. 前置放大器；　　　　　　　　D. 滤波器

19. 以相位相关性为基础的超声波局部放电检测流程的主要检测模式有（　　）。

　　A. 连续检测模式；　　　　　　　B. 相位检测模式；

　　C. 脉冲检测模式；　　　　　　　D. 时域波形检测模式

20. GIS 超声波局部放电检测时传感器上涂抹耦合剂的作用有（　　）。

　　A. 将传感器粘在壳体上；

　　B. 消除传感器与罐体之间的气泡，减少信号衰减；

　　C. 在手持传感器时，减少因抖动造成的干扰；

　　D. 标记传感器放置位置

21. 在 GIS 特高频检测中，关于金属尖端放电的特点，以下说法正确的有（　　）。

　　A. 放电次数较多，放电幅值分散性小；

　　B. 放电的极性效应非常明显；

　　C. 时间间隔均匀；

　　D. 通常仅在工频相位的负半周期出现

22. 典型的局部放电三电容模型可用来分析的放电类型有（　　）。

　　A. 尖端放电；　　　　　　　　B. 悬浮放电；

　　C. 绝缘内部气隙放电；　　　　D. 自由金属颗粒放电

23. 下列局部放电检测方法中，可以进行放电源定位的是（　　）。

　　A. 特高频法；　　　　　　　　B. 超声波法；

　　C. 暂态地电波法；　　　　　　D. 高频电流法

24. 能够应用接触式超声波局部放电检测方法进行检测的设备主要包括（　　）。

　　A. GIS；　　　　　　　　　　B. 开关柜；

　　C. 架空输电线路；　　　　　　D. 高压电缆终端

25. 某带电检测队伍在进行某 330kV 变电站 HGIS 超声波局放测试时得到图 3-11 所示的相位图谱，以下分析不正确的是（　　）。

　　A. 该间隔超声波局部放电测试信号异常，疑似电晕放电缺陷，应立即进行停电处理；

B. 该间隔超声波局部放电检测信号异常，疑似悬浮放电缺陷，怀疑内部零件松动或 HGIS 壳体接地不良，建议排除干扰后加强观测；

C. 该间隔超声波局部放电检测信号异常，疑似震动或干扰导致，怀疑内部零件松动或外界干扰，建议排除干扰后加强观测；

D. 该间隔超声波局部放电检测信号异常，疑似绝缘盆子沿面放电导致，怀疑内部绝缘盆子污染，建议排除干扰后立即处理

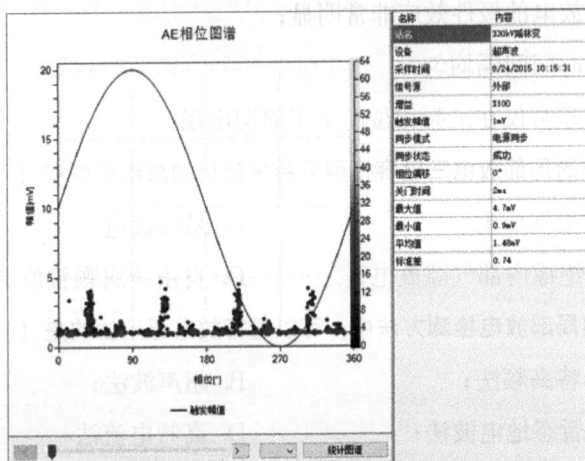

图 3-11　相位图谱

26. 关于 GIS 超声波局部放电检测时检测部位的说法，正确的是（　　）。

A. GIS 内部元器件位置需要重点检测；

B. GIS 内部导电杆接头位置需要重点检测；

C. 因超声波无法发现盆式绝缘子内部缺陷，故盆式绝缘子附近无须检测；

D. 检测时，传感器一般放置在罐体底部检测

27. 判断 GIS 内部有毛刺放电的现象和依据是（　　）。

A. 连续测量模式下有效值和峰值都会增大，信号稳定；

B. 50Hz 相关性明显，100Hz 相关性较弱；

C. 在相位模式下，一个周期内会有一簇较集中的信号聚集点；

D. 在相位模式下，一个周期内可能会有两簇较集中的信号聚集点

28. HUF 信号在 GIS 中传播信号损失的主要部位是在（　　）。

A. 盆式绝缘子；　　　　　　　　B. L 型分支；

C. T 型分支；　　　　　　　　　D. 断口处

29. GIS UHF 局部放电检测，若盆式绝缘子金属屏蔽无法打开，则可以替代盆式绝缘子进行测量的部位是（　　）。

A. 观察窗；　　　　　　　　　　B. 接地开关的外露绝缘件；

C. TV 二次接线盒；　　　　　　D. 操动机构

30. 局部放电发生时，产生的效应有（　　）。

A. 声波；　　　B. 热；　　　C. 化学变化；　　D. 机械振动；

E. 核辐射；　　　F. 光辐射

31. 关于特高频局部放电检测，下列说法错误的是（　　）。

A. 特高频信号在 GIS 直线筒中衰减很小；

B. 现场检测不受外部电晕干扰；

C. 可以识别粉尘缺陷；

D. 可以对放电源进行定位

32. 下列局部放电检测方法中，不可以应用放电量对缺陷劣化程度进行定量表述的包括（　　）。

A. 特高频法；　　　　　　　　　B. 超声波法；

C. 暂态地电波法；　　　　　　　　D. 高频电流法；

E. 脉冲电流法

33. UHF（特高频）现场检测的同步方式有（　　）。

A. 主机电源同步；　　　　　　　　B. 外电源同步；

C. 仪器内部同步；　　　　　　　　D. 自动同步

34. UHF（特高频）法与 AE（超声波）法相比，其优点有（　　）。

A. 操作简单；　　　　　　　　　　B. 检测范围广；

C. 不受机械振动影响；　　　　　　D. 定位精度高；

E. 对内部缺陷敏感

35. 现场会对超声波检测造成干扰的因素有（　　）。

A. 外部电晕；　　B. 施工机械；　　C. 手机；　　　　D. 雷达；

E. 物体与 GIS 碰撞

36. 局部放电产生超声波信号是由于（　　）失去平衡。

A. 电场应力；　　B. 机械应力；　　C. 粒子力；　　　D. 介质应力

37. 超声波信号在 GIS 中传播过程中，信号产生衰减的原因有（　　）。

A. 热传导；　　　　　　　　　　　B. 波的反射；

C. SF_6 的吸收作用；　　　　　　　D. 波的扩散

38. 根据 DL/T 1250—2013《气体绝缘金属封闭开关设备带电超声局部放电检测应用导则》，对于运行中的 GIS 设备，如果内部存在金属颗粒放电现象，在（　　）情况下可不进行处理（V_{peak} 为颗粒信号幅值，T 为飞行时间）。

A. 背景噪声峰值＜V_{peak}＜40mV，T＜50ms；

B. 背景噪声峰值＜V_{peak}＜20mV，T＜50ms；

C. 背景噪声峰值＜V_{peak}＜20mV，50ms＜T＜100ms；

D. 背景噪声峰值$<V_{peak}<10mV$，$50ms<T<100ms$

39. 超声波传感器的特性包括（　　）。

A. 谐振频率；　B. 频响宽度；　C. 工作温度；　D. 采样速率

40. Q/GDW 11059.1—2013《气体绝缘金属封闭开关设备局部放电带电测试技术现场应用导则　第1部分：超声波法》规定，超声波局部放电检测仪器的性能要求包括（　　）。

A. 检测频率范围：20～200kHz；

B. 测量量程：−60～60dBmV；

C. 分辨率：−40dBmV；

D. 误差：20dBmV

41. 对于GIS特高频检测干扰信号特征，下面说法不正确的是（　　）。

A. 荧光干扰，局部放电信号幅值分布较为分散，一般情况下工频相关性弱；

B. 手机干扰，局部放电信号工频相关性弱，有特定的重复频率，幅值无规律变化；

C. 电机干扰，局部放电信号无工频相关性，幅值分布较为分散，重复率高；

D. 雷达干扰，局部放电信号有规律重复产生有工频相关性，幅值变化有规律

42. 对于自由金属微粒缺陷放电，下面说法正确的是（　　）。

A. 该缺陷主要是由于设备安装过程或开关动作过程中产生的金属碎屑引起；

B. 随着设备内部电场的周期性变化，该类金属微粒表现为有规律的移动或跳动现象；

C. 当微粒在高压导体和低压外壳之间跳动幅值增大时，设备存在击穿危险；

D. 自由金属微粒放电对设备危害性较小

43. 对悬浮电位放电特高频检测谱图特征说法正确的是（　　）。

A. 放电信号通常在工频相位的正、负半周均会出现，具有一定对称性；

B. 放电信号幅值很大，但相邻放电信号时间间隔不一致；

C. 放电次数少，放电重复率高；

D. PRPS 图谱具有内八字或外八字分布特征

44. 特高频局部放电带电检测中现场的干扰根据其时域特征的不同可分为（　　）。

A. 白噪声干扰；　　　　　　　　B. 谐波干扰；

C. 窄带周期性干扰；　　　　　　D. 脉冲型干扰

45. GIS 特高频局部放电带电检测中，对于干扰的抑制通常从（　　）方面来考虑。

A. 干扰源；　　　　　　　　　　B. 干扰途径；

C. 信号放大；　　　　　　　　　D. 信号后处理

46. 对于盆子具有全封闭金属屏蔽环的 GIS，不应采用（　　）法进行带电检测。

A. 超声；　　　B. 超高频；　　　C. 高频；　　　C. 特高频

47. 户外设备电晕干扰是现场常见的干扰，常用的排除或抑制方法有（　　）。

A. 方向排除法；

B. 低通滤波器；

C. 屏蔽法；

D. 外部背景噪声传感器比较法

48. 声波在媒质中传播会产生衰减，衰减原因有很多种。在气体和液体中，（ ）是衰减的主要原因；在固体中，（ ）是衰减的主要原因。

A. 波的扩散；

B. 波的反射；

C. 分子的撞击把声能转变为热能散失；

D. 频率

49. 国网公司运检〔2014〕108号《变电设备带电检测工作指导意见》中，GIS本体检测项目中特高频局部放电检测的周期的规定是（ ）。

A. 运行中 500kV：3 个月；   B. 220kV 及以下：12 个月；

C. 投运后；   D. 大修前；

E. 必要时

50. Q/GDW 1168—2013《输变电设备状态检修试验规程》对 GIS 巡检项目及周期的规定是（ ）。

A. 外观检查：无异常；

B. 气体密度值检查：密度符合设备技术文件要求；

C. 操动机构状态检查：状态正常；

D. 巡视周期：500kV 及以上：2 周 220～330kV：1 月；110 (66) kV：3 个月

51. 被用于超声波局部放电带电检测的设备有（ ）。

A. 瓷柱式断路器；   B. 罐式断路器；

C. 油浸式变压器；   D. SF_6 变压器

52. GIS超声波局部放电带电检测发现某一超声波信号的特征为：有效值周期峰值较大，存在50Hz、100Hz频率相关性，50Hz略强于100Hz相关性，相位检测模式下发现，一个工频周波内有两簇信号，一簇大，一簇小，在时域波形检测模式下发现，信号存在周期性，下列放电类型与上述信号特征比较吻合的是（　　）。

  A. 导体毛刺；   B. 外壳毛刺；

  C. 不对称悬浮放电；   D. 金属颗粒

53. 以下关于特高频局部放电检测和超声波局部放电检测说法正确的有（　　）。

  A. 两种检测方法都需要检测背景噪声，在检测的过程中都需要排除干扰，且检测都宜闭灯进行，人员的频繁走动也会影响检测结果；

  B. 两种检测方法可以用来进行声电法联合定位，可定位的放电类型有毛刺电晕放电、悬浮电位放电和自由颗粒放电；

  C. 特高频局部放电检测对于GIS设备本身的检测要求更加严格，在没有金属非连续部位的情况下是不能对GIS进行特高频检测的；

  D. 正常情况下，500kV（363kV）及以上电压等级的GIS设备需半年进行一次特高频和超声波局部放电检测，对运行年限超过15年的GIS设备，宜缩短检测周期

54. 利用超声波检测到GIS的异常信号时，下列检测仪器可以进行辅助分析或危险性评估的有（　　）。

  A. 特高频局部放电测试仪； B. 暂态地电压测试仪；

  C. 频谱分析仪；   D. SF_6分解物测试仪

55. 2010 年 3 月，检测人员使用特高频法、超声波法、SF$_6$ 气体成分检测法在对某 220kV GIS 带电检测时，特高频法检测到疑似放电信号，超声波法、SF$_6$ 气体成分检测法均未测量到可疑信号。随着信号的逐步变大，对存在疑似信号的绝缘子进行了更换处理，更换后异常信号消失。随后对更换的盆式绝缘子进行 X 光探伤、耐压、局部放电试验，解体发现有一个盆式绝缘子内部存在一条长约 150mm、直径约为 2mm 的气隙。下列说法正确的是 (　　)。

　　A. 特高频法检测绝缘内部气隙放电缺陷更有效，而超声波法检测法对绝缘内部气隙放电不敏感；

　　B. 当发现疑似放电信号时，应对设备进行跟踪检测；

　　C. 如发现信号有逐渐增强的趋势，应尽快停电处理；

　　D. 该缺陷可以用声电联合法进行定位

56. GIS 局部放电检测较为有效的方法有 (　　)。

　　A. 特高频检测法；　　　　　　B. 超声波检测法；

　　C. SF$_6$ 气体分解产物检测法；　D. 脉冲电流法

57. 根据安装部位，特高频传感器可分为 (　　)。

　　A. 内置式；　　B. 接触式；　　C. 外置式；　　D. 非接触式

58. 特高频局部放电检测经常遇到的干扰有 (　　)。

　　A. 手机信号；　B. 马达信号；　C. 闪光干扰；　D. 雷达信号

59. 悬浮金属体放电在外部空间中，检测到的特高频信号持续时间为 10ns，而放电源在 GIS 内部时，检测到的特高频信号持续时间却增大至 100ns 以上，相关原因说法错误的是 (　　)。

　　A. 外部空间中局部放电产生的电磁波为球面波，只与放电持续时间相关；

B. GIS 内部放电时产生的高次模分量，其色散现象导致信号持续时间增长；

C. GIS 内部悬浮金属体放电时间增长；

D. GIS 筒体的共振效应

60. GIS 中，局部放电特高频信号幅值与局部放电脉冲及 GIS 设备的关系说法正确的是（　　　）。

A. 局部放电脉冲越陡，特高频信号幅值越大；

B. 局部放电放电量越大，特高频信号幅值越大；

C. 特高频信号幅值与局部放电的类型密切相关；

D. 测量得到的特高频信号幅值与 GIS 的尺寸无关

61. 下列关于 GIS 局部放电说法正确的是（　　　）。

A. 在采用超声波局部放电检测仪对 TV 进行局部放电检测时，常常会检测到类似悬浮放电的图谱，其原因是磁致伸缩引起；

B. 若 GIS 内部存在局部放电，则特高频检测方法往往要比超声波检测方法更为灵敏；

C. 在采用超声波幅值定位法对局部放电进行定位时，检测到的幅值最大点肯定就是放电源的位置；

D. 超声波局部放电不受电磁信号的干扰，因此 GIS 开关场外部电晕放电对超声波局部放电测量没有任何影响

62. 下列现象可能对超声波局部放电检测产生干扰的有（　　　）。

A. 壳体的机械振动；

B. 人员触碰被测设备；

C. 出线套管引线上的鸟叫；

D. 出线引线的电晕放电

63. 关于超声波在同一种介质中传播衰减的描述，下列说法正确的有（　　）。

A. 在 SF_6 气体中的衰减主要原因是扩散作用；

B. 在空气中的衰减主要原因是介质吸收作用；

C. 在 GIS 外壳中的超声波衰减主要原因是介质吸收作用；

D. 在盆式绝缘子中的超声波衰减主要原因是扩散作用

64. 应用特高频时差法对放电源进行定位时，存在的问题有（　　）。

A. 放电起始峰的时间差测量只能靠目测，误差较大；

B. 如果测量设备的硬件采样率比较低，会造成放电起始峰辨别的误差增大；

C. 某些放电类型的起始峰不易被识别，进行精确的时间差定位比较困难；

D. 只能将局部放电源确定在一小段范围内，进一步确定放电源在腔体上具体所处的方位较为困难

65. 对运行状态下 GIS 进行特高频局部放电检测时，同步信号可以从（　　）部位接取。

A. 现场使用小型发电机供电，采用内同步法接取同步信号；

B. 使用现场的检修电源，采用内同步法接取同步信号；

C. 使用逆变电源从蓄电池供电，采用内同步法接取同步信号；

D. 从现场电压互感器二次侧使用外同步法接取同步信号

66. 超声波传感器可以分为（　　）。

A. 磁滞伸缩式；　　　　　　B. 电容耦合式；

C. 电磁式；　　　　　　　　D. 压电式

67. 以下说法正确的是（　　）。

A. TE 波的特点是入射波的电场矢量 E 与入射面平行，入射波的磁场矢量 H 与入射面垂直；

B. TM 波的特点是入射波的电场矢量 E 与入射面平行，入射波的磁场矢量 H 与入射面垂直；

C. TEM 波的特点是入射波的电场矢量 E 和磁场矢量 H 均与入射面平行；

D. TEM 波的特点是入射波的电场矢量 E 和磁场矢量 H 均与入射面垂直

68. 以下说法错误的是（　　）。

A. 变压器机械振动、风扇振动的频率一般在数千赫兹以内；

B. 特高频局部放电检测可用于电缆本体的带电检测；

C. 颗粒放电的放电量与放电瞬间电压相位无关；

D. 变压器声发射传感器的检测频带大致为 $30\sim180\text{kHz}$

69. 超声波局部放电检测区分 GIS 内部的尖端位于导体上还是壳体上的方法有（　　）。

A. 相位识别法；

B. 检测区域大小信号变化梯度识别法；

C. 改变检测带宽识别法；

D. 图谱特征识别法

70. 超声波传感器信号处理可分为（　　）。

A. 单端式传感器；　　　　B. 差分式传感器；

C. 电子式传感器；　　　　D. 机械式传感器

71. 特高频局部放电源定位包括 （　　） 等方法。

    A. 时差法；   B. 定相法；

    C. 三维空间定位法；   D. 幅值比较法

72. 下面 GIS 缺陷类型能够应用特高频和超声波局部放电综合诊断的是 （　　）。

    A. GIS 导体上未打磨掉的毛刺；

    B. GIS 内置电压互感器尼龙螺栓松动；

    C. GIS 内部安装时未清除干净的金属颗粒；

    D. GIS 盆式绝缘子存在内部气隙

73. 特高频局部放电检测技术的局限性有 （　　）。

    A. 容易受到环境中特高频电磁干扰的影响；

    B. 外置式传感器对全金属封闭的电力设备无法实施检测；

    C. 尚未实现缺陷劣化程度的量化描述；

    D. 现场抗低频电晕干扰能力较弱

74. 在 GIS 特高频局部放电检测中，测得的放电信号强度与 （　　） 有关。

    A. 局部视在放电量；   B. 局部放电的真实放电量；

    C. 局部放电类型；   D. 放电信号的传播路径

75. 局部放电检测当中常用的 PRPD 图谱关键参量包括 （　　）。

    A. 同步电压相位；   B. 局部放电信号强度；

    C. 局部放电信号个数；   D. 采集时间

76. GIS 特高频检测中，属于绝缘内部气隙放电特征的有 （　　）。

    A. 放电信号出现在工频相位的正、负半周；

    B. 放电信号具有一定对称性；

    C. 放电信号幅值很大，放电次数较少；

D. 放电信号幅值较分散，放电次数较少

77. 下列属于差分式超声波传感器特点的是（　　）。

  A. 抗干扰好；　　　　　　　　　B. 灵敏度高；

  C. 带负载能力强；　　　　　　　D. 结构复杂

78. Q/GDW 11059.1—2013《气体绝缘金属封闭开关设备局部放电带电测试技术现场应用导则　第 1 部分：超声波法》规定的超声波局部放电检测仪基本功能包括（　　）。

  A. 具有图谱显示功能；

  B. 可显示信号幅值大小；

  C. 报警阈值可设定；

  D. 检测仪器具备抗外部干扰的功能；

  E. 具备工频参考相位同步功能

79. 特高频局部放电检测中，可利用不同位置传感器检测信号的（　　）来进行缺陷定位。

  A. 频率变化规律；　　　　　　　B. 强度变化规律；

  C. 时延规律；　　　　　　　　　D. 波形变化规律

80. 特高频局部放电检测法与其他检测技术相比，具有的优点包括（　　）。

  A. 检测灵敏度高；　　　　　　　B. 现场抗高频干扰能力强；

  C. 可实现局部放电的定量分析；D. 利于绝缘缺陷类型识别

81. 特高频缺陷类型识别中，应利用典型局部放电信号的（　　），建立局部放电指纹模式库。

  A. 频率特征；　　B. 波形特征；　　C. 相位特征；　　D. 统计特性

82. 超声波局部放电在不同检测情况下，背景噪声测试正确的有（　　）。

    A. 传感器置于空气中；

    B. 传感器置于待测设备基座上；

    C. 传感器置于临近的正常设备上；

    D. 传感器置于临近的停电设备上

83. GIS 中超声波局部放电信号源定位技术有（　　）。

    A. 幅值定位技术；   B. 时差定位技术；

    C. 信号先后定位技术；   D. 频率定位技术

84. 特高频法虽然抗干扰能力较强，但在现场特别是户外变电站，仍有较多干扰。干扰信号的现场排除手段主要包括（　　）。

    A. 屏蔽带法；   B. 差动平衡法；

    C. 干扰识别与定位法；   D. 滤波器法

85. GIS 内部的金属颗粒表现特征为（　　）。

    A. 雷电冲击电压影响很小；

    B. 工频击穿电压会有很大降低；

    C. 信号表征不重复，随机性强；

    D. 飞入高场强区非常危险

86. GIS 设备可以采用（　　）进行局部放电检测。

    A. 特高频法；   B. 超声波；

    C. SF_6 气体分解产物法；   D. 红外热像法

87. 依据 Q/GDW 11059.2—2013《气体绝缘金属封闭开关设备局部放电带电测试技术现场应用导则》，根据特高频局放电检测结果制订检修策略，以下说法正确的是（　　）。

    A. 特高频放电信号幅值与脉冲电流法 pC 值存在粗略对应关

系，所以可以通过信号幅值大小判断局部放电严重程度；

B. 特高频放电信号幅值与放电信号类型和放电信号的传播路径存在一定关系；

C. 在进行特高频局部放电严重程度判定时，应考虑放电源位置、放电频率和信号发展趋势；

D. 局部放电严重程度判定应综合考虑超声检测和分解物检测等试验结果

88. 根据国网公司运检〔2014〕108 号《变电设备带电检测工作指导意见》的规定，以下 GIS 设备特高频局部放电检测周期中正确的是（　　）。

A. 1000kV 电压等级 GIS 设备，运维单位 1 个月，省电科院 3 个月，中国电科院 6 个月；

B. 500kV 电压等级 GIS 设备，运维单位 6 个月，省电科院 1 年；

C. 220kV 电压等级 GIS 设备，运维单位 1 年；

D. 新安装及 A、B 类检修重新投运后 1 周内。

89. 声波可以分为（　　）。

A. 纵波；　　　B. 横波；　　　C. 表面波；　　　D. 斜波

90. 局部放电检测内同步模式是使用电源的相位进行相位同步，下面电源不适合的是（　　）。

A. 自备发电机电源；　　　　　B. 蓄电池逆变电源；

C. 仪器内置电池；　　　　　　D. 现场检修电源箱电源

91. GIS 内部存在自由颗粒缺陷，超声波检测比特高频检测灵敏度高，是因为（　　）。

A. 超声波检测声信号是颗粒直接撞击罐体产生，信号幅值高；

B. 通常颗粒大小有限，所带电荷有限，因此自由颗粒放电量较小；

C. 现场干扰使得电信号灵敏度进一步降低；

D. 这一说法本身就不准确

92. 下面对超声波局部放电检测的仪器仪表作用叙述正确的有（　　）。

A. 检测仪主机主要用于局部放电电信号的采集、分析、诊断及显示；

B. 耦合剂可以消除传感器与罐体之间的气泡，减少信号衰减，同时将传感器粘在壳体上；

C. 同步线主要用于接入工频电压参考信号，以便获取放电脉冲的相位特征信息；

D. 声发射传感器用于将局部放电激发的超声波信号转换成电信号

93. 关于 GIS 超声局部放电检测，下列说法正确的是（　　）。

A. 超声波传感器可以在温度较低的环境长时间工作；

B. 接触式传感器频响宽度大于非接触式；

C. 超声局部放电仪校验周期为 2 年；

D. 对于运行年限超过 15 年以上的 GIS 设备，宜考虑缩短检测周期

94. 特高频局部放电检测的干扰类型有（　　）。

A. 热噪声干扰；　　　　　　　B. 地网噪声干扰；

C. 窄带周期性干扰；　　　　　D. 脉冲型干扰

95. 按照国家电网公司运检部 2014 年发布的《变电设备带电检测工作指导意见》，GIS 设备特高频带电检测周期正确的是（　　）。

A. 330～750kV 设备，运维单位 3 个月，省电科院 6 个月；

B. 330～750kV 设备，运维单位 6 个月，省电科院 1 年；

C. 110（66）～220kV，运维单位 1 年；

D. 新安装及 B、C 类检修重新投运后 1 个月内

96. 特高频局部放电检测仪高级功能应包括（　　）。

A. 报警阈值可设定，可外施电源同步；

B. 能够进行时域频域转换；

C. 能按预定程序定时采集和存储数据功能；

D. 历史数据对比分析功能

97. 以下说法错误的是（　　）。

A. 对于不带金属法兰的盆式绝缘子，存在很强干扰信号时，使用屏蔽带可以完全消除外部干扰；

B. 现场检测时，特高频检测应尽量使用 1GHz 的高通滤波器以避开低频干扰信号；

C. 现场检测可以使用窄带法避开高频干扰；

D. 手机信号可以使用窄带阻波器进行抑制

98. 关于特高频检测特点，下面说法正确的是（　　）。

A. 对于空气中的电晕放电不敏感，但对架空线的悬浮导体放电有反应；

B. 对 GIS 各种放电性缺陷均有较高灵敏度；

C. 检测信号幅值与相位判断放电类型；

D. 不能检测自由金属颗粒

99. 应用特高频时间差法对放点源进行定位，当计算距离等于两个传感器实际距离时，放点源位置可能在（　　）。

A. 靠近先检测到信号的传感器；

B. 位于先检测到信号的传感器的外侧；

C. 两个传感器中间；

D. 无法确定

100. 在 UHF 特高频检测中的通信干扰主要有（　　）。

　　A. 小容量微波接力通信；　　　　B. 中容量微波接力通信；

　　C. 大容量微波接力通信；　　　　D. 对流层工散射通信

101. 下列缺陷可以通过特高频法检测发现的是（　　）。

　　A. 电晕放电；　　　　　　　　　B. 空穴放电；

　　C. 悬浮放电；　　　　　　　　　D. 自由金属颗粒放电；

　　E. 沿面放电

102. 为保持接触良好，部分型号的 GIS 设备，其隔离开关机构拉杆与动触头连接部位装有等电位弹簧，如该弹簧漏装，可能会导致局部放电，该类型缺陷的特高频信号特征一般包括（　　）。

　　A. 放电脉冲幅值稳定；

　　B. 相邻放电时间间隔基本一致；

　　C. 信号幅值一般较大；

　　D. 相邻放电时间间隔不稳定

103. 特高频法与其他局部放电在线检测技术相比检测灵敏度高，主要是由于（　　）。

　　A. 特高频电磁波在 SF_6 以及绝缘子材料中传播时衰减较小；

　　B. 特高频电磁波能量较大；

　　C. 特高频电磁波可在 GIS 中的绝缘子等不连续处反射，在 GIS 腔体中引起谐振，放电信号振荡时间加长；

　　D. 各类 GIS 缺陷均会产生特高频电磁波

104. 使用示波器进行定位时，为减小定位相对误差，可采用的方法有（　　）。

　　A. 尽量将传感器贴紧盆式绝缘子；

　　B. 对无金属屏蔽的盆式绝缘子，应在检测盆式绝缘子及邻近盆式绝缘子绑扎屏蔽带；

　　C. 两传感器距离越小越好；

　　D. 适当增加两个传感器之间距离

105. GIS 特高频局部放电检测（　　），则判断为正常。

　　A. 未检测到特高频信号；

　　B. 仅有较小的杂乱无规律背景信号；

　　C. 检测到放电特征信号但幅值小；

　　D. 检测到与外部放电特征相似的信号

106. GIS 特高频局部放电检测到悬浮放电信号，其特征为（　　）。

　　A. 放电时间间隔不稳定；

　　B. 放电信号通常在工频相位正、负半周均会出现，且具有一定对称性；

　　C. 放电信号幅值较大且相邻放电信号时间间隔基本一致，放电次数少，放电重复率较低；

　　D. 脉冲序列相位分布图谱具有内八字或外八字特征

107. 绝缘件内部气隙放电的特点为（　　）。

　　A. 放电次数少；

　　B. 周期重复性低；

　　C. 放电幅值较分散；

　　D. 放电相位较稳定，无明显极性效应

108. 某变电站 500kV GIS 为同一厂家同一批次的产品，进行超声波局部放电检测时，发现所有隔离开关断口部位普遍存在机械振动信号，经过分析排除了外部干扰导致的可能。则对于该信号的说法，正确的有（　　）。

A. 该信号具有普遍性，因此，可认为隔离开关都正常；

B. 信号具有普遍性，可能由于设计上存在不足，怀疑存在家族性缺陷；

C. 内部机械振动不影响设备运行，无须关注；

D. 内部机械振动可能造成部件严重松动，掉落部件引起击穿，或松动造成接触不良引起放电

109. GIS 内部存在电位悬浮，其表征是（　　）。

A. 超声信号 100Hz 相关性强；

B. 波峰因数高；

C. 影响工频耐压水平；

D. 超声信号稳定，重复性强

110. 以下关于 GIS 设备超声波局部放电检测传感器的相关描述不正确的是（　　）。

A. 非接触式传感器频率宽度大于接触式传感器，但灵敏度弱，因此现场多采用接触式传感器；

B. 单端式传感器与差分式传感器均具有较强的带负载能力，但差分式传感器灵敏度高；

C. 对 GIS 进行超声波局部放电检测所选用的超声波传感器频率范围为 20～100kHz，谐振频率取其中间值为 60kHz；

D. GIS 所使用的超声波传感器分为内置式和外置式，内置式

传感器抗干扰能力强但成本较高

111. 关于超声波信号传播，下列说法正确的是（　　）。

    A. SF_6 中可以传播纵波、横波；

    B. GIS 设备外壳中可以传播纵波、横波、表面波；

    C. 纵波可以在任何媒介中传播；

    D. SF_6 中不可以传播表面波

112. GIS 局部放电检测主要有特高频法、超声波法，两者的特点主要有（　　）。

    A. 特高频局部放电检测与超声波局部放电检测相比，灵敏度更高；

    B. 特高频局部放电检测与超声波局部放电检测相比，检测范围更大；

    C. 特高频局部放电检测与超声波局部放电检测相比，抗干扰能力更好；

    D. 特高频局部放电检测与超声波局部放电检测相比，定位精度更差

113. 超声波检测常用图谱主要包括（　　）。

    A. 飞行模式图谱；   B. 连续模式图谱；

    C. PRPS；   D. PRPD

114. 干扰信号的主要排除方法有（　　）。

    A. 背景干扰测量屏蔽法；   B. 滤波器法；

    C. 屏蔽带法；   D. 方向排除法

115. 超声波局部放电检测中，关于电晕缺陷描述正确的是（　　）。

    A. 连续检测模式下，50Hz 相关性弱，100Hz 相关性强；

B. 相位检测模式下，有规律，在一个工频周期表现为一簇，呈现单峰；

C. 脉冲检测模式下，有规律，呈三角驼峰形状；

D. 特征指数检测模式下，有规律，波峰位于整数特征值上，且特征指数 2 大于特征指数 1

116. 以特征指数为基础的超声波局部放电检测包含（　　）。

A. 连续检测模式；　　　　　　B. 脉冲检测模式；

C. 时域波形检测模式；　　　　D. 特征指数检测模式

117. 关于超声波局部放电的技术特点描述不正确的是（　　）。

A. 适用范围广，检测范围大；

B. 抗机械振动、电磁干扰能力强；

C. 对内部缺陷相当敏感；

D. 能实现精确定位

118. 局部放电检测当中常用的 PRPS 图谱的关键参量包括（　　）。

A. 同步电压相位；　　　　　　B. 局部放电信号幅值；

C. 局部放电信号个数；　　　　D. 放电脉冲形状

119. 关于绝缘空穴放电的表述正确的是（　　）。

A. 由设备内部存在空穴、裂纹、绝缘表面污秽等引起；

B. 放电信号极性明显，通常在工频相位的负半周或正半周出现，放电信号弱且相位分布宽，放电次数多；

C. 是引起设备绝缘击穿的主要威胁；

D. 超声波法对该放电不敏感

120. 下列关于特高频局部放电说法正确的是（　　）。

A. 特高频局部放电检测技术不可用于电缆本体的带电检测；

B. 特高频检测法可以像脉冲电流法一样对试品局部放电进行量化，量化单位为 mV、dBmV 等；

C. 特高频局部放电技术可用于 GIS、变压器、高压电缆、开关柜的带电检测；

D. 特高频 GIS 局部放电检测仪主要用于盆式绝缘子外侧无金属法兰或有环氧浇注孔的 GIS

121. 型式试验是制造厂家将装置送交具有资质的检测单位，由检测单位依据试验条目完成检验，当出现下列情况之一时，应进行特高频局部放电检测仪的型式试验（　　）。

A. 新产品定型，投运前；

B. 连续批量生产的仪器每 2 年一次；

C. 正式投产后，如设计、工艺材料、原出厂试验结果与入网检测试验有较大差异时；

D. 产品停产 1 年以上又重新恢复生产时

122. 关于特高频和超声波局部放电检测方法，下列说法正确的是（　　）。

A. 超声波检测机械类缺陷比特高频灵敏；

B. 特高频检测灵敏高，可替代超声波检测；

C. 特高频检测比超声波检测效率高，对放电类缺陷更灵敏；

D. 两者各有优缺点，应结合起来开展

123. 以下关于 GIS 设备超声波带电检测的说法错误的有（　　）。

A. 可以通过耳机听到设备内部的真实声音；

B. 仪器的报警阈值可设定；

C. 在耐压过程中发现的毛刺放电现象，可不进行处理；

D. 仪器的采样频率至少应大于 400kHz

124. 外置式特高频传感器可放置在 GIS 设备的 （　　） 进行测量。

　　A. 盆式绝缘子浇注孔；　　　　　B. 观察窗；

　　C. 接地开关的外露绝缘件；　　　D. SF_6 气体压力释放窗

125. 进行 GIS 设备超声波带电检测时，其背景噪声的来源包括 （　　）。

　　A. 环境；　　　　　　　　　　　B. 仪器自身；

　　C. 信号放大器；　　　　　　　　D. 设备正常运行时的噪声

126. 超声波信号在 GIS 设备上的传播形式有 （　　）。

　　A. 横波；　　　B. 纵波；　　　C. 振荡波；　　　D. TE 波

127. 接触式传感器特性受许多因素的影响，其中包括 （　　）。

　　A. 晶片的形状、尺寸及其弹性和压电常数；

　　B. 晶片的阻尼块及壳体中安装方式；

　　C. 传感器的耦合、安装及试件的声学特性；

　　D. 所试 GIS 壳体材质及衰减特性

128. 若 GIS 内部同时悬浮放电和机械振动，超声波检测的特点有 （　　）。

　　A. 有效值和峰值较大；

　　B. 存在较强的 50Hz 相关性，100Hz 相关性较小；

　　C. 相位模式下存在多条竖线；

　　D. 多种放电图谱较乱，看不出任何规律

129. 超声波检测设备的主要技术指标包括 （　　）。

　　A. 声压；　　　B. 测量范围；　　C. 重复率；　　　D. 方向性；

　　E. 有效高度；　　F. 灵敏度

130. 超声波局部放电检测数据的常用分析技术有（　　　）。

　　A. 声音判别；　　B. 阈值比较；　　C. 横向分析；　　D. 趋势分析

131. GIS 设备特高频局部放电检测中，采用频谱仪的作用是（　　　）。

　　A. zero-span 模式下信号相位分布；

　　B. 观察信号的局部放电谱图；

　　C. 观察局部放电的典型图谱；

　　D. 测量信号的频率成分

132. GIS 雷电冲击耐压试验对（　　　）缺陷比较有效。

　　A. 绝缘子上的金属微粒；　　　　B. 尖端毛刺；

　　C. 悬浮电极；　　　　　　　　　D. 装配松动

133. 关于特高频局部放电检测说法正确的是（　　　）。

　　A. 特高频法局部放电抗干扰能力较强，对空气中电晕放电干扰、悬浮放电干扰均不灵敏；

　　B. 对 GIS 的各种放电性缺陷均具有较高的敏感度；不能发现非放电性缺陷；

　　C. UHF 信号强度取决于脉冲陡度、宽度和幅度，可进行粗略的放电量标定；

　　D. 信号传播衰减小，检测范围大，通常可达十几米

134. GIS 设备的绝缘盆子内部气隙或裂缝放电是可能导致绝缘击穿的主要缺陷，下面带电检测方法对该缺陷的检测不够灵敏的是（　　　）。

　　A. 特高频法；　　　　　　　　　B. 超声波法；

　　C. 气体分解产物分析法；　　　　D. 红外测温法

135. 某段 GIS 内部存在局部放电异常信号，为定位放电源，用特高频时差法在气室两侧盆式绝缘子上各放置一个传感器。已知气室长度为 5m，高速示波器测得的两路传感器特高频信号时间差为 10ns，且左侧传感器局部放电信号超前，则放电源的位置在 （   ）。

    A. 左侧传感器左侧 1m；   B. 左侧传感器右侧 1m；

    C. 左侧传感器右侧 4m；   D. 右侧传感器左侧 1m；

    E. 右侧传感器左侧 4m；   F. 右侧传感器右侧 1m

136. 不同类型绝缘缺陷局部放电所产生的特高频信号脉冲 （   ） 不同，具有不同的谱图特征，可根据这些特点判断绝缘缺陷类型，进行绝缘缺陷类型诊断。

    A. 幅值；   B. 数量；   C. 相位分布；   D. 频谱

137. GIS 有许多法兰连接的 （   ） 隔离开关及断路器等不连续点，特高频信号在 GIS 内传播过程中经过这些结构时，必然造成衰减。

    A. V 型接头；   B. 盆式绝缘子；

    C. 拐弯结构；   D. T 型接头

138. 对特高频法的幅值比较定位法的解释正确的是 （   ）。

    A. 幅值比较法的基本思路是距离放电源最近的传感器检测到的信号最强；

    B. 当在多个点同时检测到放电信号时，信号强度最大的测点可判断为最接近放电源的位置；

    C. 幅值比较法的准确性往往受到现场检测条件的限制；

    D. 幅值比较法的准确性不受到现场检测条件的限制

139. 下列描述不属于电晕缺陷超声波检测谱图特征的是 （   ）。

    A. 有规则脉冲信号，一个工频周期内出现两簇，两簇大小相当；

B. 有规则脉冲信号，一个工频周期内出现一簇；或一簇幅值明显较大，一簇明显较小；

C. 有明显规律，峰值聚集在整数特征值处，且特征值 2 大于特征值 1；

D. 有明显规律，峰值聚集在整数特征值处，且特征值 1 大于特征值 2

140. **下列描述脉冲检测模式正确的是（   ）。**

A. 主要用于自由微粒缺陷的进一步确认；

B. 用于表征检测到的信号发生的时间间隔；

C. 当连续检测模式中有效值或周期峰值幅值偏大，但频率成分 1 及频率成分 2 较小时，可以进入脉冲检测模式；

D. 脉冲模式可记录微粒每次碰撞壳体时的时间和产生的脉冲幅值，并以"飞行图"的形式显示出来

141. **下列描述正确的是（   ）。**

A. 由于超声波信号衰减速率较快，在前端对其进行就地放大是有必要的，且放大调理电路应尽可能靠近传感器；

B. A/D 采样数字信号转换为模拟信号，并送入数据处理电路进行分析和处理；

C. A/D 采样模拟信号转换为数字信号，并送入数据处理电路进行分析和处理；

D. 数据传输模块用于将处理后的数据显示出来或传入耳机等供检测人员观察

142. 下列描述超声波局部放电检测特点正确的是 （   ）。

   A. 传感器与电力设备的电气回路无任何联系；

   B. 不受电气方面的干扰；

   C. 不易受周围环境噪声影响；

   D. 易受设备机械振动的影响

143. 下列关于 GIS 超声波局部放电检测正确的有 （   ）。

   A. 悬浮放电有效值峰值都很大；

   B. 电晕放电 50Hz 相关性往往比 100Hz 大；

   C. 悬浮放电 100Hz 相关性大于 50Hz 相关性；

   D. 自由金属颗粒相位特征不明显

144. （   ）联合起来进行局部放电定位的声电联合法成为一个新的发展趋势，在工程实际中得到了较为广泛的应用。

   A. 超声波法； B. 射频法；   C. 特高频法； D. 高频法

145. 下列说法正确的是 （   ）。

   A. 两种媒质的声特性阻抗相差越大，造成的衰减就越小；

   B. 在空气中声波的衰减约正比于频率的二次方和一次方的差；

   C. 在液体中声波的衰减约正比于频率；

   D. 在固体中声波的衰减约正比于频率

146. 下列说法正确的是 （   ）。

   A. 声波在气体中的传播速度是由胡可定律决定的；

   B. 对于液体，速度是由该液体的弹性决定的；

   C. 对于固体，速度是由状态方程决定的；

   D. 对于平面波，声的压强和颗粒速度的比被称为声阻抗

147. 进行 GIS 超声波局部放电检测时，需要检测的部位包括（   ）。

　　A. 断口下方；　　　　　　　B. 盆式绝缘子附近；

　　C. 支撑绝缘附近；　　　　　D. 套管升高座位置

148. 特高频传感器主要由（   ）组成。

　　A. 天线；　　　　　　　　　B. 高通滤波器；

　　C. 放大器；　　　　　　　　D. 耦合器

149. 关于 GIS 局部放电特点的描述，下列说法错误的是（   ）。

　　A. 放电能量很小，长时间内存在不影响电气设备的绝缘强度；

　　B. 对绝缘的危害是逐渐加大的，它的发展需要一定时间，发展过程为缺陷扩大—累计效应—绝缘击穿；

　　C. 对绝缘寿命的评估分散性很大，与发展时间、局部放电种类、产生位置、绝缘种类等有关；

　　D. 局部放电带电测试属非破坏性试验、被动性试验，不会造成绝缘损伤

150. 纵波（超声波的一种形式）的质点运动方向与波的传播方向一致，能存在于（   ）介质中。

　　A. 固体；　　　　B. 液体；　　　　C. 气体；　　　　D. 空间

151. 能够用特高频局部放电检测方法进行检测的设备主要包括（   ）。

　　A. 架空输电线路；　　　　　B. 开关柜；

　　C. GIS；　　　　　　　　　　D. 高压电缆终端

152. 超声波局部放电信号传感器安装方法不包括（   ）。

　　A. 紧贴 GIS 壳体；

　　B. 安装在 GIS 的非屏蔽位置，如观察孔、绝缘盆子；

　　C. 安装在 GIS 接地引线上；

D. GIS 腔内开口处

153. 超声波局部放电检测法具有的技术优势包括 （   ）。

 A. 抗电磁干扰能力强；   B. 便于实现幅值定位；

 C. 适用范围广泛；   D. 可以发现所有典型缺陷

154. 下面属于常用超声波局部放电检测传感器类型的是 （   ）。

 A. 内置式传感器；   B. 外置式传感器；

 C. 接触式传感器；   D. 非接触式传感器

155. 常用超声波局部放电检测仪应包括的部件有 （   ）。

 A. 传感器； B. 滤波器； C. 耳机； D. 测试主机

156. GIS 设备超声波局部放电测试选点原则正确的是 （   ）。

 A. 每个气室至少一个测试点；

 B. GIS 拐臂，断路器断口处；

 C. 母线气室中绝缘支撑附近；

 D. 盆子附近，气室侧下放部位

157. 超声波局部放电检测仪应包括的检测模式有 （   ）。

 A. 连续检测模式；   B. 相位检测模式；

 C. 脉冲检测模式；   D. 时域波形检测模式

158. 典型悬浮电位缺陷的超声波局部放电特征有 （   ）。

 A. 有效值/峰值较背景值大；

 B. 50Hz/100Hz 相关性存在；

 C. 相位图谱出现"两簇"状；

 D. 波形图谱无规律或无信号

159. 典型电晕缺陷的超声波局部放电特征有 （   ）。

 A. 有效值/峰值较背景值大； B. 相位图谱出现"两簇"状；

C. 50Hz/100Hz 相关性存在；　　D. 波形图谱无规律或无信号

160. 典型自由金属颗粒缺陷的超声波局部放电特征有（　　）。

A. 有效值/峰值较背景值大；

B. 相位图谱有规律呈"单簇"；

C. 飞行图谱呈"三角驼峰状"；

D. 50Hz/100Hz 相关性很明显

161. 特高频局部放电检测的技术优势有（　　）。

A. 检测灵敏度高；

B. 现场抗低频电晕能力强；

C. 可以实现信号传播时差定位；

D. 便于识别绝缘缺陷放电类型

162. 特高频局部放电检测过程中经常会受到外部干扰信号影响，常见的外部干扰为（　　）。

A. 手机信号干扰；　　　　　　B. 外部低频电晕干扰；

C. 雷达信号干扰；　　　　　　D. 电动机噪声干扰

163. 特高频局部放电检测中遇到异常信号时，可结合超声波局部放电检测进行联合测试，适宜用声电联合测试进行测试的缺陷类型有（　　）。

A. 悬浮电位；　　　　　　　　B. 电晕放电；

C. 自由颗粒放电；　　　　　　D. 内部气隙放电

164. 根据 Q/GDW 168—2013《输变电设备状态检修试验规程》，不同电压等级 GIS 设备的特高频局部放电检测周期要求正确的是（　　）。

A. 220kV 为 1 年；　　　　　B. 500kV 为半年；

C. 110V 为 2 年；　　　　　　D. 1000kV 为半年

165. 下面关于特高频局部放电检测特点的说法，正确的是（　　）。

A. 对空气中电晕放电干扰不敏感，但对架空线上的悬浮导体放电有反应；

B. 对 GIS 的各种放电性缺陷均具有较高的敏感度；

C. 不能发现弹垫松动、粉尘飞舞等非放电性缺陷；

D. 信号传播衰减小，检测范围大，通常可达十几米

166. 关于特高频局部放电检测幅值定位法的说法，正确的是（　　）。

A. 可以精确定位；

B. 只能大概确定某一气室或区域，无法精确定位；

C. 有时几个检测部位信号幅值差别很小无法判断；

D. 有时会出现离信号远的部位幅值比离信号源近的部位还要大的情况

167. 根据特高频局部放电检测结果制订检修策略时，需要考虑的问题有（　　）。

A. 信号幅值；　　　　　　　B. 放电源位置；

C. 放电类型；　　　　　　　D. 信号变化趋势

168. 便携式特高频局部放电检测仪的主要组成部件有（　　）。

A. 耦合器；　　　　　　　　B. 信号采集单元；

C. 信号放大器；　　　　　　D. 控制电脑（系统软件）

169. 下列局部放电检测方法中，可以应用放电量对缺陷劣化程度进行定量表述的不包括（　　）。

A. 特高频法；　　　　　　　B. 超声波法；

C. 暂态地电波法；　　　　　D. 脉冲电流法

170. GIS 局部放电检测时，关于橡皮锤的使用，下面说法正确的是（ ）。

A. 使用橡皮锤敲击后，会激发内部的颗粒、振动悬浮等缺陷，便于发现隐患；

B. 运行条件下，敲击可能使隐患加剧，造成故障，因此许多单位禁止运行条件下使用橡皮锤敲击 GIS；

C. 橡皮锤敲击不会给 GIS 运行带来任何改变；

D. 现场交接试验时，如发现较弱信号，可通过橡皮锤敲击观察信号变化情况

171. 以下属于自由金属颗粒缺陷特征的有（ ）。

A. 雷电冲击电压水平会大幅度下降；

B. 工频耐压水平会有很大的降低；

C. 信号表征不重复，随机性强；

D. 信号稳定，重复性强

172. 关于局部放电图谱描述正确的是（ ）。

A. 尖端放电信号的极性效应非常明显，通常在工频相位的负半周或正半周出现，放电信号较强且相位分布较宽，放电次数较多；

B. 自由金属颗粒放电信号极性效应不明显，任意相位上均有分布，放电次数少，放电信号幅值无明显规律，放电信号时间间隔不稳定；

C. 悬浮电位放电信号具有一定的对称性，放电信号幅值很大，放电次数少，放电重复率较高；

D. 空穴放电具有一定的对称性，放电信号幅值较分散，且放电次数较少

173. 下列电力设备当中，不宜应用特高频法进行局部放电检测的是 (　　)。

    A. 高压电缆终端；   B. 电力变压器；

    C. GIS；   D. 电力电容器

174. 关于 GIS 超声波局部放电检测时检测部位的说法，正确的是 (　　)。

    A. GIS 内部元器件位置需要重点检测；

    B. GIS 内部导电杆接头位置需要重点检测；

    C. 因超声波无法发现盆式绝缘子内部缺陷，故盆式绝缘子附近无须检测；

    D. 检测时，传感器一般放置在罐体底部检测

175. 按照 DL/T 664—2008《带电设备红外诊断应用规范》便携式红外热像仪准确度的校验周期是 (　　)。

    A. 必要时；   B. 首次使用时；

    C. 1 年；   D. 2 年；

    E. 1～2 年

176. 下面关于 GIS 描述正确的是 (　　)。

    A. 20 世纪 60 年代中期，高压组合电器推向市场，1964 年世界第一套组合电器在美国投运；

    B. 日本在 1960 年开始研制 GIS；

    C. 中国自行研制的第一套 126kV GIS 于 1973 年在湖北某水电站投入运行；

    D. 1000kV 晋东南—南阳—荆门特高压交流试验示范工程中的 GIS 是当时世界上运行电压最高的组合电器

177. HGIS 包括的设备有（　　　　）。

A. 变压器；　　　　　　　　　　B. 断路器；

C. 隔离开关；　　　　　　　　　D. 电流互感器；

E. 母线

178. 以下属于 GIS 设备例行试验项目的是（　　　　）。

A. 红外热像检测；　　　　　　　B. SF$_6$ 气体湿度检测；

C. 特高频局部放电检测；　　　　D. 超声波局部放电检测

179. 以下属于 GIS 设备诊断性试验项目的是（　　　　）。

A. 局部放电检测；　　　　　　　B. SF$_6$ 气体成分检测；

C. 主回路绝缘电阻；　　　　　　D. 元件试验

180. 气体绝缘金属封闭开关设备（GIS）配置伸缩节的位置和数量应充分考虑安装地点的（　　　　）。

A. 气候特点；　　　　　　　　　B. 基础沉降；

C. 允许位移量；　　　　　　　　D. 位移方向

181. GIS 主回路的接地要求是（　　　　）。

A. 如不能预先确定回路不带电，应采用关合能力等于相应的额定峰值耐受电流的接地开关；

B. 如能预先确定回路不带电，可采用不具有关合能力或关合能力低于相应的额定峰值耐受电流的接地开关；

C. 紧急情况下可采用可移动的接地装置；

D. 采用快速接地开关接地

182. GIS 的不同元件之间设置的各种联锁均应进行不少于 **3** 次的试验，以检验其正确功能。各种连锁主要是指（　　　　）。

A. 接地开关与有关隔离开关的互相联锁；

B. 接地开关与有关电流互感器的互相联锁；

C. 隔离开关与有关断路器的互相联锁；

D. 隔离开关与有关隔离开关的互相联锁；

E. 双母线接线中的隔离开关倒母线操作联锁

183. 对安装在 GIS、断路器设备的 SF$_6$ 密度继电器的要求有（　　　）。

A. SF$_6$ 密度继电器与开关设备本体之间的连接方式应满足拆卸校验密度继电器的要求；

B. 密度继电器应装设在与断路器或 GIS 本体同一运行环境温度的位置，以保证其报警、闭锁接点正确动作；

C. 220kV 及以上 GIS 分箱结构的断路器可通过连接管路三相共用密度继电器；

D. 户外安装的密度继电器应设置防雨罩，密度继电器防雨箱（罩）应能将指示表、控制电缆接线端子一起放入，防止指示表、控制电缆接线盒和充放气接口进水受潮

184. 导流回路故障主要是载流导体连接处接触不良引起的过热，是由于（　　　）引起的故障。

A. 触头或连接件接触电阻过大；

B. 触头表面氧化；

C. 机械卡滞；

D. 接触压力降低

185. 根据国家电网公司标准 Q/GDW 448—2010《气体绝缘金属封闭开关设备状态评价导则》中 GIS 状态评价标准，应扣 24 分的项目有（　　　）。

A. 断路器运行中出现振动和异响；

B. 隔离开关气室运行中内部出现放电声；

C. 避雷器气室运行中运行中微水值 $500\sim800\mu L/L$ 且有快速上升趋势；

D. 瓷套外表面有明显放电或较严重电晕

186. 按照工作性质、内容及工作涉及范围，将 GIS 检修工作分为 A 类检修、B 类检修、C 类检修、D 类检修四类。下列情景中不属于 B 类检修的是（　　）。

A. 运行人员在巡视中发现某 GIS 罐体有异响，上报后领导派试验人员到现场进行 SF_6 成分分析带电检测；

B. 在某次例行试验中，试验人员发现断路器动作特性不合格，诊断后认为操动机构存在重大缺陷，上报后领导派检修人员配合厂家对该机构进行解体检查并更换；

C. 试验人员在对某 GIS 间隔特高频局部放电检测时，认为该间隔存在悬浮放电缺陷，上报后领导指派检修人员李辰为负责人对该 GIS 间隔进行解体检查；

D. 某次 GIS 带电检测技能竞赛中，外省队伍发现某 GIS 断路器罐体漏气，经检查为"砂眼"，上报后领导指派检修人员使用"带电撵缝"技术进行消缺

187. 根据国家电网公司企业标准 Q/GDW 1168—2013《输变电设备状态检修试验规程》，下列属于 GIS 诊断性试验的是（　　）。

A. 主回路电路测量；

B. SF_6 气体湿度检测（带电）；

C. SF_6 气体成分分析；

D. 红外热成像检测

188. 关于 SF_6 气体电气特性，下列说法正确的是（ ）。

A. 在 25℃、一个标准大气压下，其介电常数与空气相当；

B. 气压在 294.2kPa 时，SF_6 气体的绝缘强度与变压器油大致相当；

C. SF_6 气体击穿电压与频率有关，频率增加 100% 时，其击穿电压降低约 6%；

D. 当温度达到 500～600℃时，绝大多数金属可与 SF_6 气体反应，生成各类金属氟化物

189. 运行人员在对某 220kV GIS 罐内避雷器进行巡视时发现异常响声，上报检修部门进行诊断，带电检测人员对该避雷器进行诊断后认为该避雷器存在异常，故解体检查，发现避雷器屏蔽罩顶端断裂。带电检测人员可能发现的异常包括（ ）。

A. 超声波局部放电检测异常，检测值明显大于背景值；

B. SF_6 分解产物检测，SO_2 值为 $275\mu L/L$；

C. 避雷器持续运行电压下全电流变小；

D. 红外热成像检测异常，罐体温度较其他两项偏高

190. SF_6 具有优异灭弧性能的原因有（ ）。

A. 氟原子是极强的电负性元素，形成的 SF_6 分子保持着较强的电负性；

B. 硫原子是极强的电负性元素，形成的 SF_6 分子保持着较强的电负性；

C. 分子质量大，分子体积大，电子捕获能力强；

D. 呈正六面体排列，键合距离小，键合能量高

191. GIS 状态评价分为 (　　)。

　　A. 部件评价；　　　　　　　　B. 间隔评价；

　　C. 整体评价；　　　　　　　　D. 以上都包括

192. GIS 的连接方式可以分为 (　　)。

　　A. 分相式结构；　　　　　　　B. 母线共筒式结构；

　　C. 复合式结构；　　　　　　　D. 三相共箱式结构；

　　E. 全三相共筒式结构

193. 以下关于 GIS 引起的特快速暂态过电压 (Very Fast Transient Overvoltage, VFTO) 的说法正确的是 (　　)。

　　A. VFTO 是由 GIS 设备中隔离开关操作产生的一种陡波前过电压；

　　B. VFTO 具有上升时间短、电压变化快、频率高等特点；

　　C. VFTO 直接入侵会对变压器绕组的主绝缘造成极大危害；

　　D. VFTO 直接入侵会对变压器绕组的纵绝缘造成极大危害

194. 以下关于 GIS 设备中快速接地开关的说法正确的是 (　　)。

　　A. 快速接地开关是一种具有一定关合短路电流能力的特殊用途的接地开关；

　　B. 快速接地开关一般配置在出线回路的出线隔离开关靠线路一侧；

　　C. 当线路接地故障被切除后，由相邻运行线路供电形成故障线路的潜供电流，利用快速接地开关开断，可消除潜供电流；

　　D. 当外壳内部绝缘子出现爬电现象或外壳内部燃弧时，快速接地开关将主回路快速接地，利用断路器切除故障电流

195. 依据 Q/GDW 448—2009《气体绝缘金属封闭开关设备状态评价导则》，GIS 设备状态评价中，断路器状态量评价标准规定的单项扣分值达到 40 分的有 （　　）。

　A. 同厂、同型、同期设备的故障信息有严重缺陷未整改的；

　B. 运行中内部出现放电声；

　C. 分合闸弹簧卡涩；

　D. 分合闸弹簧锈蚀

196. GIS 的出线方式有 （　　）。

　A. 套管出线；　　　　　　　　B. 电缆出线；

　C. 与变压器直连；　　　　　　D. 与架空线路直连

197. GIS 内部固体绝缘主要有 （　　）。

　A. 盆式绝缘子；　　　　　　　B. 吸附剂；

　C. 绝缘拉杆；　　　　　　　　D. 支撑绝缘子

198. 为便于试验和检修，GIS 的 （　　） 应设置独立的隔离开关或隔离断口。

　A. 避雷器；　　　　　　　　　B. 盆式绝缘子；

　C. 电压互感器；　　　　　　　D. 电流互感器

199. 三工位隔离/接地开关的优点是 （　　）。

　A. 将活动导电杆和操动机构组合在一个气室内，大大缩小了 GIS 尺寸，使 GIS 小型化；

　B. 减少了 GIS 操动机构数量、操作和维护工作量，方便运行和检修；

　C. 解决了隔离开关与接地开关之间的联锁问题，大大提高了 GIS 运行可靠性；

D. 具有关合短路电流和开合感应电流的能力

200. 断路器是 GIS 的核心元件，其操动机构形式主要包括（　　）。

A. 液压机构；　　　　　　　B. 气动机构；

C. 弹簧机构；　　　　　　　D. 液压弹簧机构

201. 关于三相分箱式 GIS 外壳接地方式的说法中，正确的有（　　）。

A. 多点接地方式会导致外壳存在较大环流，应尽量避免；

B. 多点接地方式优点是漏磁小，外壳感应电压低，保证人员安全；

C. 外壳分段绝缘方式外壳无环流，但外壳可能存在较高感应电压；

D. 应先经过三相短接排短接后再接地

202. 以下对非黑体的红外辐射率的说法正确的是（　　）。

A. 相同材料的物体，表面越粗糙，红外辐射率越高；

B. 非金属的红外辐射率一般比金属高；

C. 非金属红外辐射率随温度升高而减小；

D. 金属红外辐射率随温度升高而增大

203. SF_6 断路器中吸附剂应满足的要求有（　　）。

A. 具有良好的机械强度；

B. 具有足够的平衡吸附量；

C. 对水分和多种杂质等都要有足够的吸附能力；

D. 在吸附剂的组成成分中，不含导电性和介电常数低的物质，以防其粉尘影响 SF_6 气体的绝缘性能

204. 在 GIS 中装设伸缩节，主要考虑的因素有（　　）。

A. 考虑 GIS 设备加工时的尺寸误差，以便安装调整部位；

B. 土建基础有分接缝时，在该接缝两侧外壳之间连接处；

C. 必须考虑因温度变化而引起母线筒的热胀冷缩的影响；

D. 需考虑环流和接地的影响

205. GIS 内部绝缘结构的基本类型为 （　　）。

　A. SF_6 气体间隙绝缘；　　　　B. 支持绝缘；

　C. 引线绝缘；　　　　　　　　D. 树脂绝缘

206. M2 级特殊使用要求的断路器要求机械操作次数为 （　　）次。

　A. 2000；　　B. 5000；　　C. 10000；　　D. 20000；

　E. 30000

207. GIS 的额定短时耐受电流建议优先从 （　　）kA 中选取。

　A. 25；　　　B. 31.5；　　C. 40；　　　D. 50；

　E. 63

208. GIS 内部设置气隔的好处有 （　　）。

　A. 可以将不同 SF_6 气体压力的各电器元件分隔开；

　B. 特殊要求的元件（避雷器等）可单独设立一个气隔；

　C. 在检修时可以减少停电范围；

　D. 可减少检修时 SF_6 气体的回收和充气工作量；

　E. 有利于安装和扩建工作

209. GIS 例行试验项目包括 （　　）。

　A. 红外热像检测；　　　　　　B. SF_6 气体湿度检测；

　C. 特高频局部放电检测；　　　D. SF_6 气体成分检测

210. GIS 巡检项目包括 （　　）。

　A. 外观检查；　　　　　　　　B. 气体密度值检查；

C. 操作机构状态检查；   D. SF$_6$ 气体湿度检测

211. 下列有关 GIS 设备工作的安全措施正确的是（   ）。

A. 装有 SF$_6$ 设备的配电装置室应装设强力通风装置，风口应装设在室内底部，排风口不应朝向居民住宅或行人；

B. 在室内，设备充装 SF$_6$ 气体时，周围环境相对湿度应不大于 85%，同时应开启通风系统，并避免 SF$_6$ 气体泄漏到工作区；

C. 工作区空气中 SF$_6$ 气体含量不得超过 1000μL/L；

D. 主控制室与 SF$_6$ 配电装置室要采取气密性隔离措施

212. GIS 设备诊断性试验项目包括（   ）。

A. 主回路绝缘电阻；   B. 主回路电阻；

C. SF$_6$ 气体湿度检测；   D. 主回路交流耐压试验；

E. SF$_6$ 气体成分分析；   F. 气体密封性检测

213. 应加强运行中 GIS 的带电检测工作，在（   ）应进行局部放电检测，对于局部放电量异常的设备应结合 SF$_6$ 气体分解物检测技术进行综合分析和判断。

A. A 类或 B 类检修后；   B. 在大负荷后；

C. 经受短路电流冲击后；   D. 必要时

214. 属于声发射传感器常用压电材料的有（   ）。

A. 钛酸铅；   B. 铌酸锂；   C. 氧化铝；   D. 碳纤维

三、判断题

1. 超声波是指频率高于 20kHz 的声波。   （   ）

2. 电晕放电在特征指数检测模式中，有明显规律，峰值聚集在整数特征值处，且特征值 1 大于特征值 2。   （   ）

3. 高频局部放电检测技术可用于 GIS 局部放电的检测。 （   ）

4. 手机信号干扰的特高频局部放电检测的干扰信号之一。（   ）

5. 特高频与超声波局部放电检测法能够像脉冲电流法一样对试品局部放电进行量化描述。 （   ）

6. 特高频与超声波局部放电检测方法可进行局部放电定位。

（   ）

7. 高频局部放电检测法可进行局部放电源精确定位。 （   ）

8. 根据传感器安装位置不同，GIS 特高频局部放电检测方法可分为内置式与外置式两种。 （   ）

9. DMS 特高频 GIS 局部放电检测仪主要用于盆式绝缘子外侧无金属法兰或有环氧浇铸孔的 GIS。 （   ）

10. 一般情况下，GIS 的电源频率为 50Hz 或 60Hz，此时测试仪使用内同步方式，如果 GIS 的电源频率不是 50Hz/60Hz，那就要使用外同步方式。 （   ）

11. 当在空气中也能检测到异常信号时，首先要观察分析环境中可能的干扰源。能去除的应先去除干扰后再进行检测、分析。

（   ）

12. 特高频局部放电检测是 GIS 局部放电检测极为有效的技术手段，可以检测出 GIS 中全部类型的缺陷。 （   ）

13. 脉冲电流法测量得到的视在放电量就是真实放电量。 （   ）

14. 特高频局部放电检测技术可用于电缆的带电检测。 （   ）

15. 特高频局部放电检测技术可用于任意类型 GIS 局部放电的检测。 （   ）

16. 特高频法局部放电检测不可用于高压电缆的带电检测。

（   ）

17. 超声波局部放电检测法可进行局部放电源精确定位。（   ）

18. 特高频局部放电检测技术可用于电缆本体的带电检测。

（   ）

19. 特高频局部放电检测技术可用于 GIS 的带电检测。（   ）

20. 特高频局部放电检测技术可用于变压器的带电检测。（   ）

21. 特高频局部放电检测技术可用于开关柜的带电检测。（   ）

22. 特高频与超声波局部放电检测技术不可联合应用于变压器带
    电检测。   （   ）

四、问答题

1. 开始局部放电特高频检测前，需要准备的仪器、工具有哪些？

2. 在采用特高频法检测局部放电时，典型的操作流程是什么？

3. 在采用特高频法检测局部放电时的注意事项是什么？

4. 在采用超声波法检测局部放电时的检测模式有哪些？

5. 在采用超声波法检测局部放电时，以相位相关性为基础的检测
   流程适用的检测模式是什么？

6. 在采用超声波法检测局部放电时，以特征指数为基础的检测流

程适用的检测模式是什么?

7. 在采用超声波法检测局部放电时,以相位相关性为基础的检测流程是什么?

8. 在采用超声波法检测局部放电时,以特征指数为基础的检测流程是什么?

9. 在采用超声波法检测局部放电时,抗干扰措施有哪些?

10. 在采用超声波法检测局部放电时,提高检测效率及质量的措施有哪些?

11. 为什么采用特高频法检测局部放电的灵敏度高?

12. 在采用特高频法检测局部放电时,出现异常局部放电信号,诊断的注意事项是什么?

13. 试述 GIS 特高频法局部放电和超声波法局部放电各自的优缺点。

14. 对局部放电测量仪器系统的一般要求是什么? 测量中常见的干扰有哪几种?

15. 局部放电超声定位的原理是什么？

16. 在超声波局部放电检测中，电晕放电信号和悬浮电位放电信号有什么区别？

17. GIS 产生局部放电的原因有哪些？

18. 电力设备局部放电的检测方法有哪些？

19. 目前 GIS 局部放电检测方法主要有哪几种？各有什么优缺点？

20. 试述 GIS 局部放电几种检测方法优劣的比较。

21. 使用超声波法和特高频法测量 GIS 局部放电的部位有什么不同？

22. 盆式绝缘子的缺陷有哪些？有什么危害？

23. 自由导电微粒对 GIS 设备绝缘特性的影响是什么？

24. 用脉冲电流法进行 GIS 局部放电试验的局限性有哪些？

25. 局部放电检测的 UHF 传感器可分为哪几种？

第四章

暂态地电压局部放电检测

一、单选题

1. 检测开关柜局部放电的目的在于反映其（　　　）。

    A. 高温缺陷；　　　　　　　　　B. 机械损伤缺陷；

    C. 伴随局部放电的绝缘缺陷；　D. 整体受潮缺陷

2. 目前作为开关柜局部放电带电检测巡检项目的检测方法是（　　　）。

    A. 暂态地电压检测和超声波检测；

    B. 暂态地电压检测和脉冲电流检测；

    C. 超声波检测和超高频检测；

    D. 脉冲电流检测和超高频检测

3. 检测高压开关柜暂态地电压局部放电数据时，必须首先检测（　　　）。

    A. 开关室温度；　　　　　　　　B. 背景噪声；

    C. 开关室湿度；　　　　　　　　D. 天气情况

4. 在暂态地电压检测数据的分析中，特别是阈值比较分析中，（　　　）是非常重要的影响因素。

    A. 背景噪声；　　　　　　　　　B. 超声波检测数据；

    C. 温度；　　　　　　　　　　　D. 开关柜位置

5. 在实际现场检测过程中，不容易进行暂态地电压检测的部位是（　　　）。

    A. 开关柜顶部；　　　　　　　　B. 开关柜前部；

    C. 开关柜后部；　　　　　　　　D. 开关柜侧部

6. 当背景值很大，如超过 20dB 时，实测值与背景噪声值的差别至少达到（　　）dB 时，基本可以认为实测值接近实际值。

　　A. 5；　　　　　　B. 10；　　　　　　C. 15；　　　　　　D. 20

7. 金属开关柜外表面产生的暂态地电压与（　　）无关系。

　　A. 单位设置；

　　B. 放电位置；

　　C. 传播途径；

　　D. 箱体内部结构和金属断口大小的影响

8. 暂态地电压检测仪器应具备的基本功能是（　　）。

　　A. 能显示暂态地电压信号的强度和频度；

　　B. 具备后天数据管理软件；

　　C. 进行局部放电定位和种类识别；

　　D. 具备超声波辅助检测功能

9. 暂态地电压检测对（　　）放电模型不灵敏。

　　A. 绝缘子表面放电模型；　　　　B. 绝缘子内部缺陷模型；

　　C. 电晕放电模型；　　　　　　　D. 尖端放电模型

10. 开关柜局部放电地电波检测至少由（　　）人进行，并严格执行保证安全措施和技术措施。

　　A. 1；　　　　　　B. 2；　　　　　　C. 3；　　　　　　D. 4

11.《电力设备带电检测技术规范（试行）》规定暂态地电压检测相对值小于（　　）dB 时正常。

　　A. 5；　　　　　　B. 10；　　　　　　C. 15；　　　　　　D. 20

12.《电力设备带电检测技术规范（试行）》规定新设备投运后（　　）周内应进行一次检测。

　　A. 1；　　　　　　B. 2；　　　　　　C. 3；　　　　　　D. 4

13. 下列不属于局部放电非电测法的是（　　　）。

 A. 光测法；   B. 声测法；

 C. 红外热测法；   D. 介质损耗分析法

14. 下面传感器一般只用于离线测量的是（　　　）。

 A. 暂态对地电压传感器；   B. 超声波传感器；

 C. 高频电流传感器；   D. 检测阻抗

15. 暂态地电压局部放电检测设备组成单元不包括（　　　）。

 A. TEV 传感器；   B. 模数转换电路；

 C. 微处理器电路；   D. 交变转换电路

16. 暂态地电压和超声波局部放电检测数据采用的测量单位分别是（　　　）。

 A. $dB\mu V/dBmV$；   B. $dBm/dBmV$；

 C. $dBmV/dB\mu V$；   D. $dB\mu V/dBm$

17. 暂态地电压检测设备的主要技术指标不包括（　　　）。

 A. 频带范围； B. 测量范围； C. 分辨率； D. 方向性

18. 为了推广暂态地电压检测技术，某电力科研单位利用物理放电模型和高压试验设备，按照 IEC 60270 标准，拟合出暂态地电压检测设备的 dBmV 值与视在放电量 pC 之间的对应关系，该方法（　　　）。

 A. 可行，建议大面积推广；

 B. 不可行，放电模型不具有普遍性；

 C. 有一定的参考价值；

 D. 以上答案都不对

19. 开关柜局部放电检测中超声波的频率范围是（　　　）。

 A. 小于 16Hz；   B. 大于 20kHz；

C. 小于 20kHz；　　　　　　　　D. 大于 40kHz

20. 在开展高压开关柜带电检测时，检测设备给出的暂态地电压放电强度为 45dB，放电脉冲数（2s）为 5，你认为该高压开关柜（　　）。

A. 存在严重的局部放电现象；　B. 不存在严重的放电现象；

C. 存在严重的外部电磁干扰；　D. 存在间歇性放电

21. 超声波检测对（　　）放电模型不灵敏。

A. 绝缘子表面放电模型；　　　B. 绝缘子内部缺陷模型；

C. 电晕放电模型；　　　　　　D. 尖端放电模型

22. 超声波检测设备的主要技术指标不包括（　　）。

A. 标称频率；　B. 测量范围；　C. 重复率；　D. 灵敏度

23. 高压开关柜（　　）类型的局部放电会受到环境温、湿度条件的影响。

A. 尖端放电；　　　　　　　　B. 表面放电；

C. 内部放电；　　　　　　　　D. 悬浮电极放电

24. 暂态地电压局部放电检测那种放电单位是一种功率测量体系（　　）。

A. dBmV；　　B. dBμV；　　C. dBm；　　D. dBmm

25. 检测仪器的暂态地电压测量范围一般要求为（　　）。

A. −5～60dB；　　　　　　　　B. 0～55dB；

C. 0～60dB；　　　　　　　　D. −5～60dB

26. 检测仪器的暂态地电压频谱范围一般要求为（　　）。

A. 1～30MHz；　　　　　　　　B. 3～100MHz；

C. 300～1500MHz；　　　　　　D. 20～120kHz

27. 暂态地电压局部放电状态判断阈值主要是通过（　　）计算得到的。

A. 横向分析；　B. 趋势分析；　C. 阈值比较；　D. 统计分析

28. 横向分析技术适合对（　　）进行分析。

A. 某一开关柜趋势变化数据；

B. 开关室内一组开关柜的同一次检测数据；

C. 符合一定条件的样本数据；

D. 某一开关柜的当次检测数据

29. 在电场中，介质有一平行于表面的场强分量，当这个分量达到击穿场强时，则可能出现的放电为（   ）。

A. 内部放电； B. 表面放电； C. 电晕放电； D. 悬浮放电

30. 国家电网公司《电力设备带电检测技术规范》中要求，开关柜暂态地电压检测的周期要求最短间隔为（   ）个月。

A. 3；   B. 4；   C. 6；   D. 12

二、多选题

1. 某电业局组织专业人员使用便携式局部放电声电波检测仪（Ultra TEV plus＋）和局部放电定位仪（PDL1）对 220kV 某变电站 10kV 开关柜进行了测试，在测试中发现：使用超声波模式检测时，测试幅值很小，但有明显放电声音；使用 TEV 模式检测时，开关室内和开关柜不相连的金属制品上背景值为 20dB，I、Ⅲ段母线间隔的开关柜测试幅值在 20～30dB，Ⅱ、Ⅳ段母线间隔的开关柜测试幅值在 30～40dB，个别开关柜超过 40dB，认为存在绝缘体内部放电。使用局部放电定位仪（PDL1）进行定位，定位放电位置位于 10kV 626 断路器开关柜后面板中部。专业人员对检测定位有局部放电的开关柜进行了检查，检查发现：10kV 626 断路器开关柜后面板中下部 B 相母排的瓷支柱绝缘子有明显的裂纹，裂纹长度在 3cm 左右，产生了一定程度的局部放电。关于以上案例说法正确的是（   ）。

A. 超声波法与 TEV 法对不同缺陷的敏感程度不同，配合使

用可提高判断准确性;

B. TEV 法的检测频带较宽,适合于频率、放电能量较高的局部放电的检测,如内部贯穿性放电;

C. 超声波法检测频带较窄,适合放电能量相对较小的局部放电检测,如绝缘子表面放电;

D. 现场检测中,超声波检测法所受的干扰较小;TEV 检测法所受干扰较大,特别是变电站中干扰尤为明显,应注意做好排除干扰的影响

2. 在电力系统中,开关柜的故障类型一般分为 (　　) 和外力其他故障。

　　A. 拒动误动故障;　　　　　　B. 绝缘故障;

　　C. 开断与关合故障;　　　　　D. 载流故障

3. TEV 检测注意事项有 (　　)。

　　A. 检测过程中应确保传感器与开关柜金属面板紧密接触;

　　B. 如果出现检测数值较大的情况,建议测量 3 次以上以确定测试结果;

　　C. 避免信号线、电源线缠绕在一起,排除干扰,必要时关闭开关室内照明及通风设备;

　　D. 空间窄小的地方需小心谨慎,因为临近其他的接地体会影响读数的精度

4. 高压开关柜的电缆室内除了安装电缆外,还可能安装 (　　) 等设备。

　　A. 电流互感器;　　　　　　　B. 接地开关;

　　C. 避雷器;　　　　　　　　　D. 功率因数表

5. 暂态地电压检测仪器具有的基本功能有（　　）。

　A. 能显示暂态地电压信号强度；

　B. 具备单次测试和连续测试 2 种测试模式；

　C. 具备报警设置功能及告警功能；

　D. 具备数据管理和数据导入和导出功能

6. 声波是一种能够在（　　）中传播机械振动波。

　A. 固体；　　　　B. 气体；　　　　C. 真空；　　　　D. 液体

7. 目前常见的电力设备局部放电电测法包括（　　）。

　A. 脉冲电流法；　　　　　　　B. RIV 法；

　C. 超高频检测法；　　　　　　D. 暂态地电压法

8. 在高压开关柜局部放电严重程度的带电检测中经常采用无线电电子学的测量单位，包括（　　）。

　A. dBmV；　　B. pC；　　C. dBμV；　　D. dBm

9. 关于暂态地电压检测说法正确的是（　　）。

　A. 应确保操作人员及测试仪器与电力设备的高压部分保持足够的安全距离；

　B. 仪器在充电时，不得进行测量；

　C. 检测过程中应确保传感器与开关柜金属面板紧密接触；

　D. 试验人员试验时，严禁误动误碰面板上的闭锁、把手、按钮等装置

10. 暂态地电压检测设备的测量结果与（　　）密切相关。

　A. 暂态地电压传感器的设计参数；

　B. 局部放电信号的频谱特性；

　C. 检测设备内部的检测阻抗参数；

D. 检测设备的频带范围

11. 暂态地电压检测设备的主要技术指标包括 （　　）。

A. 频带范围； B. 测量范围； C. 重复率； D. 标称电容

12. 暂态地电压检测对 （　　） 放电模型灵敏。

A. 绝缘子表面； B. 绝缘子内部缺陷；

C. 电晕； D. 尖端

13. 超声波检测对 （　　） 放电模型灵敏。

A. 绝缘子表面； B. 绝缘子内部缺陷；

C. 电晕； D. 尖端

14. 暂态地电压检测技术对下面的几种放电模型不敏感的是 （　　）。

A. 沿面放电模型； B. 绝缘子表面放电模型；

C. 电晕放电模型； D. 绝缘子内部缺陷模型

15. 超声波检测设备的主要技术指标包括 （　　）。

A. 标称频率； B. 测量范围； C. 灵敏度； D. 声压

16. 超声波传感器可以分为 （　　）。

A. 磁致伸缩式； B. 电容耦合式；

C. 电磁式； D. 压电式

17. 检测高压开关柜局部放电时需要记录的环境参数包括 （　　）。

A. 背景噪声； B. 开关室温度；

C. 开关室湿度； D. 天气情况

18. 暂态地电压局部放电检测数据的常用分析技术有 （　　）。

A. 横向分析； B. 趋势分析； C. 统计分析； D. 阈值比较

19. 当开关室内背景噪声值在 **20dB** 以上时，以下说法正确的是 （　　）。

A. 如果开关柜的检测值与背景值之间的差值在 15dB 以下

时，则表示开关柜正常，按照巡检周期安排再次进行巡检；

B. 如果开关柜的检测值与背景值之间的差值在 15～20dB，应对该开关柜加强关注，缩短巡检周期，观察检测幅值的变化趋势；

C. 如果开关柜的检测值与背景值之间的差值在 20～25dB，则表明该开关柜可能存在局部放电现象，应缩短巡检的时间间隔，必要时应使用定位技术对放电点进行定位；

D. 如果开关柜的检测值与背景值之间的差值在 25dB 以上，则表明该开关柜存在局部放电现象，应使用定位技术对放电点进行定位，必要时应使用在线检测装置对放电点进行长期在线检测

20. 当开关室内背景噪声值在 20dB 以下时，以下说法正确的是（　　）。

A. 如果开关柜的检测值在 20dB 以下，则表示开关柜正常，按照巡检周期安排再次进行巡检；

B. 如果开关柜的检测值在 20～25dB，应对该开关柜加强关注，缩短巡检周期，观察检测幅值的变化趋势；

C. 如果开关柜的检测值在 25～30dB，则表明该开关柜可能存在局部放电现象，应缩短巡检的时间间隔，必要时应使用定位技术对放电点进行定位；

D. 如果开关柜的检测值在 30dB 以上，则表明该开关柜存在明显的局部放电现象，应使用定位技术对放电点进行定位，必要时可使用在线监测装置对放电点进行长期在线检测

三、判断题

1. 高压开关柜是用于电力系统的成套电气设备，其作用是在电力系统进行发电、输电、配电和电能转换的过程中进行开合、控

制和保护等。（　）

2. 运行中的开关柜内部电气元件发生局部放电产生的电磁波信号可以直接穿透开关柜的金属壁而被检测到。（　）

3. 在进行户内开关柜的局部放电检测的时候，需要考虑变电站的辅助设备带来的干扰，不需考虑户外的天气及雷雨干扰。

（　）

4. 在进行开关柜暂态地电压检测时，发现金属背景噪声值为18dB，而开关柜暂态地电压的检测值为25dB，应此初步判断该台开关柜正常。（　）

5. 检测仪器在进行开关柜暂态地电压检测时，常以 dB 为单位表示检测结果，此时，dB 表示的实际单位为 dBm。（　）

6. 超声波在介质内的传播速度只与超声波本身的特性有关，与材料的特性无关。（　）

7. 一般在电气设备内高电位的金属部件或者处于地电位的金属部件上容易发生悬浮电位放电。（　）

8. 在高压开关柜局部放电严重程度的暂态地电压和超声波带电检测中经常采用，pC 作为测量单位。（　）

9. 开关柜暂态地电压的现场检测工作相对简单，可以由一人完成，不需要专人监护。（　）

10. 超声波检测设备采用的超声波传感器属于电磁式。（　）

11. 高压开关柜是用于电力系统的成套电气设备，其作用是在电力系统进行发电、输电、配电和电能转换过程中进行开合、控制和保护等。（　）

12. 开关柜暂态地电压的现场检测时发现局部放电现象，可以直

接操作开关柜，打开开关柜进行检查。 （ ）

13. 暂态地电压法本质上属于外部电容法局部放电技术的范畴。

（ ）

四、问答题

1. 高压开关柜局部放电检测的重要性是什么？

2. 案例分析：2013 年 3 月，检测人员在对某变电站 35kV 开关柜进行例行带电检测试验时，测试结果如表 4-1 所示。

表 4-1　　　　　超声波、暂态地电压局部放电检测数据

开关柜名称	暂态地电压测试数据（相对金属值）(dB)						超声波局部放电测试数据 (dB)	
	前上	前中	前下	后上	后中	后下	后上	后中
351S 开关柜	3	2	1	2	2	1	11	3

注　超声波局部放电测试时采用 40kHz 非接触式模式，金属：5dB。

2013 年 5 月，检测人员对该变电站 351S 开关柜后上部进行了复测，结果如表 4-2 所示。

表 4-2　　　　　超声波、暂态地电压局部放电检测复测数据

开关柜名称	暂态地电压测试数据（相对金属值）(dB)						超声波局部放电测试数据 (dB)	
	前上	前中	前下	后上	后中	后下	后上	后中
351S 开关柜	2	2	1	2	2	2	15	3

注　超声波局部放电测试时采用 40kHz 非接触式模式，金属：5dB。

随后对该开关柜进行停电检查发现断路器本体的母排与 351S 隔离开关 B 相母排连接处螺栓松动，如图 4-1 所示，因此判定放电原因为螺栓松动引起的悬浮放电。对连接处的螺栓进行紧固后，重新恢复送电缺陷消除，检测数据如表 4-3 所示。

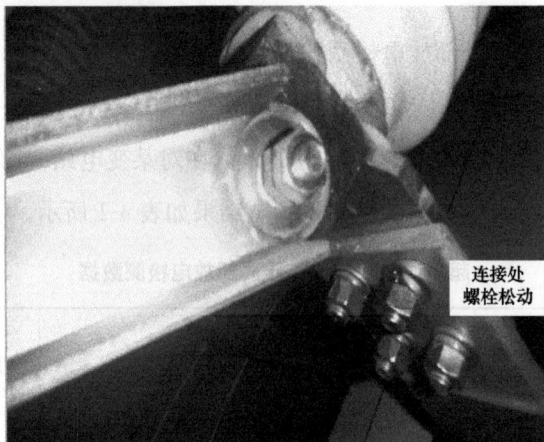

连接处
螺栓松动

图 4-1　B 相母排连接螺栓松动

表 4-3　　　　　超声波、暂态地电压局部放电检测数据

开关柜名称	暂态地电压测试数据（相对金属值）（dB）						超声波局部放电测试数据（dB）	
	前上	前中	前下	后上	后中	后下	后上	后中
351S 开关柜	2	2	1	2	2	1	3	3

注　超声波局部放电测试时采用 40kHz 非接触式模式，金属：6dB。

以上案例中分析判断各种数据发现故障的思路是什么？

3. 用超声波法进行高压开关柜局部放电地电波检测的注意事项是什么？

4. 高压开关柜局部放电的原因可能有哪些？

5. 用暂态地电压 TEV 法进行高压开关柜局部放电地电波检测的注意事项是什么？

6. 用暂态地电压 TEV 法进行高压开关柜局部放电地电波检测的过程是什么？

7. 高压开关柜局部放电地电波检测时，各放电模型检测技术的区别是什么？

8. 简述用两只暂态地电压传感器判断开关柜局部放电源空间位置的方法。

9. 金属开关柜外表面产生的暂态地电压与什么因素有关？

10. 论述暂态地电压传感器的构成及基本原理。

11. 试分析开关柜 TEV（暂态地电压）的基本检测原理。

12. 发生局部放电时是如何产生超声波信号的？

第五章

SF₆气体纯度、湿度和分解产物检测

一、单选题

1. SF₆ 互感器进行交接试验时，其内部气体湿度应不大于（　　）μL。

  A. 250;   B. 300;   C. 150;   D. 68

2. SF₆ 断路器经过解体大修后，原来的气体（　　）。

  A. 可继续使用;

  B. 净化处理后可继续使用;

  C. 毒性试验合格，并进行净化处理后可继续使用;

  D. 毒性试验合格的可继续使用

3. SF₆ 断路器现场解体大修时，规定空气的相对湿度应大于（　　）。

  A. 90%;   B. 85%;   C. 80%;   D. 60%

4. SF₆ 断路器密封试验时，泄漏值的测量应在断路器充气（　　）h 后进行。

  A. 12;   B. 24;   C. 36;   D. 48

5. SF₆ 配电装置在人进入前必须先通风（　　）min。

  A. 15;   B. 10;   C. 5;   D. 20

6. 交接试验标准规定：SF₆ 气体含水量的测定应在断路器充气（　　）h 后进行。

  A. 12;   B. 24;   C. 36;   D. 48

7. SF₆ 的定量检漏方法不包括 ( )。

    A. 局部包扎法；   B. 扣罩法；

    C. 压力降法；   D. 抽真空法

8. 下列表征 SF₆ 气体理化特性的各项中，错误的是 ( )。

    A. 无色、无味；   B. 无臭、无毒；

    C. 可燃；   D. 惰性气体，化学性质稳定

9. Q/GDW 471—2010《运行电气设备中 SF₆ 气体质量监督与管理规定》对日常监控、诊断检测以及大修后设备的密封性能要求，其 SF₆ 气体年泄漏率（质量分数）小于 ( )。

    A. 0.2%；   B. 0.5%；   C. 1%；   D. 2%

10. 干燥的 SF₆ 气体是非常稳定的，但是在水分较多时，( )℃以上就可能产生水解。

    A. 50；   B. 100；   C. 150；   D. 200

11. 下列 SF₆ 气体泄漏检测技术中，不是利用 SF₆ 气体的负电性特性的检测技术是 ( )。

    A. 电子捕获型检测技术；   B. 紫外线电离型检测技术；

    C. 光声光谱检测技术；   D. 负离子捕捉检测技术

12. SF₆ 气体红外成像检漏仪拍摄 SF₆ 气体出现区域的图像会产生烟雾状阴影，( )，烟雾状阴影就越明显，从而使不可见的 SF₆ 气体泄漏变为可见。

    A. 气体流量越大，吸收强度就越小；

    B. 气体流量越小，吸收强度就越大；

    C. 气体浓度越大，吸收强度就越大；

    D. 气体浓度越大，吸收强度就越小

13. SF_6 气体红外成像检漏仪的探测器工作波段通常在（ ）μm。

    A. 10～12；   B. 11～12；   C. 9～11；   D. 10～11

14. 在 SF_6 气体被电弧分解的产物中，（ ）毒性最强，其毒性超过光气。

    A. SF_4；   B. S_2F_{10}；   C. S_2F_2；   D. SO_2

15. 有热导检测器的气相色谱仪不可以分析（ ）气体。

    A. HF；   B. SF_6；   C. CF_4；   D. 空气

16. 下列说法正确的是（ ）。

    A. 热导检测法的原理是通过纯净气体混入杂质气体后引起混合气体的导热系数发生变化，从而准确计算出两种气体的混合比例，检测气体浓度；

    B. SF_6 气体纯度、湿度和分解产物检测用的连接管路首选聚四氟乙烯管或橡胶管；

    C. 电晕放电产生的主要 SF_6 分解产物是 SOF_2，SO_2F_2/SOF_2 比值比火花放电中的比值低；

    D. 对于瓶装 SF_6 来说，可以气体压力的高低判断瓶装气体的多少

17. SF_6 气体湿度仲裁方法是质量法，但实施难度大，无法实现（ ）。

    A. 现场检测；   B. 仪器化检测；

    C. 精密检测；   D. 数字化检测

18. 长时间使用 SF_6 气体纯度、湿度和分解产物检测仪后，或仪器发生漂移时，可对仪器的（ ）进行校准。

    A. 误差；   B. 准确度；   C. 不确定性；   D. 量程

19. 对新采购的 **SF₆** 气体检测仪，在使用前应送到有资质的单位进行检验，需进行仪器的绝缘试验和性能试验，后者包括单组分和多组分的准确度试验及（　　）试验。

 A. 重复性；   B. 稳定性；

 C. 可靠性；   D. 抗干扰试验

20. 设备罐体预留孔的封堵处有泄漏一般是由于（　　）造成的。

 A. 绝缘子出现裂纹；   B. 安装工艺；

 C. 设备本体沙眼；   D. 继电器密封圈缺陷

21. 常用的定量检漏方法中局部包扎法主要用于（　　）。

 A. 厂家对设备进行密封性试验；

 B. 早期现场对设备进行密封性试验；

 C. 对法兰面有双道密封槽的设备进行密封性试验；

 D. 日常巡视

22. 常用的定量检测方法中压力降法主要用于（　　）。

 A. 厂家对设备进行密封性试验；

 B. 早期现场对设备进行密封性试验；

 C. 对法兰面有双道密封槽的设备进行密封性试验；

 D. 日常巡视

23. 目前国内外 SF₆ 气体泄漏红外成像检漏仪的最小检测灵敏度为（　　）**mL/s**。

 A. 0.001；   B. 0.0015；

 C. 0.0005；   D. 以上都不是

24. SF₆ 气体分解产物检测结果用（　　）表示，单位为 **μL/L**。

 A. 体积分数； B. 质量分数； C. 露点；   D. 质量比

25. 测量运行设备中 SF_6 气体湿度时，灭弧气室的湿度标准为不大于 （ ） $\mu L/L$。

    A. 200；   B. 300；   C. 400；   D. 500

26. 根据 Q/GDW 11062—2013《六氟化硫气体泄漏成像测试技术现场应用导则》，检漏仪探测灵敏度应达到 （ ） $\mu L/s$。

    A. 0.1；   B. 0.5；   C. 1；   D. 2

27. 室内的 SF_6 设备应安装通风换气设施，运行人员经常出入的室内设备场所每班至少换气 15min，换气量应达 （ ） 倍的空间体积。

    A. 1～3；   B. 3～5；   C. 5～7；   D. 7～9

28. GIS 断路器 SF_6 气体密度表指示的压力代表 （ ）。

    A. SF_6 气体的绝对压力；

    B. 环境温度下 SF_6 气体的相对压力；

    C. 20℃时 SF_6 气体的相对压力；

    D. 20℃时 SF_6 气体的绝对压力

29. SF_6 气体的灭弧能力是空气的 100 倍，其含义描述正确的是 （ ）。

    A. SF_6 气体的电弧时间常数是空气的 100 倍；

    B. SF_6 气体的电弧时间常数是空气的 1/100；

    C. SF_6 气体的电弧时间常数是空气的 10 倍；

    D. SF_6 气体的电弧时间常数是空气的 1/10

30. Q/GDW 11062—2013《六氟化硫气体泄漏成像测试技术现场应用导则》中规定：SF_6 电气设备补气间隔小于 （ ） 年时，宜进行 SF_6 气体泄漏检测。

    A. 1；   B. 1.5；   C. 2；   D. 2.5

31. 对于运行中灭弧气室，SF₆ 气体的体积比（纯度）小于（　　）时，需要抽真空，重新充气。

　　A. 94%；　　　　B. 96%；　　　　C. 97%；　　　　D. 99.8%

32. SF₆ 气体在波长为（　　）μm 的红外辐射具有很强的吸收峰。

　　A. 2.8；　　　　B. 4.2；　　　　C. 6.4；　　　　D. 10.6

33. 测量交接试验设备中 SF₆ 气体时，SO_2 的控制标准为不大于（　　）μL/L。

　　A. 0.3；　　　　B. 0.5；　　　　C. 1.5；　　　　D. 1

二、多选题

1. 交接试验时，测量断路器内 SF₆ 的气体含水量（20℃ 的体积分数），（　　）。

　　A. 与灭弧室相通的气室应小于 100μL/L；

　　B. 与灭弧室相通的气室应小于 150μL/L；

　　C. 不与灭弧室相通的气室，应小于 250μL/L；

　　D. 不与灭弧室相通的气室，应小于 500μL/L

2. 测量 SF₆ 气体湿度，有（　　）的要求。

　　A. 不宜在充气后立即进行；　　　B. 不宜在高温情况下进行；

　　C. 不宜在雨天或雨后进行；　　　D. 不宜在投运前进行

3. 工作人员进入 SF₆ 配电装置室，入口处若无 SF₆ 气体含量，应（　　）。

　　A. 先通风 15min；

　　B. 尽量避免一人进入 SF₆ 配电装置室进行巡视；

　　C. 用检漏仪测量 SF₆ 气体含量合格；

　　D. 不准一人进入从事检修工作；

　　E. 立即报告

4. 工作人员不准在 SF₆ 设备防爆膜附近停留。若在巡视中发现异常情况，应（　　）。

　　　A. 采取有效措施进行处理；　　B. 排除故障后汇报；

　　　C. 查明原因；　　　　　　　D. 立即报告

　　　E. 使用检漏仪测量 SF₆ 气体含量

5. 以下对各种 SF₆ 气体泄漏检测技术的表述正确是（　　）。

　　　A. 电子捕获检测技术性能稳定、测量分辨率高、精度高、响应和恢复速度快；

　　　B. 负电晕检测技术抗干扰能力差、电极易老化、传感器寿命短、单电极结构灵敏度不高，但检测精度高，适用于定量检测；

　　　C. 紫外电离检测技术结构简单、响应速度快、但泄漏点定位性能差、检测误差随环境变化大；

　　　D. 红外吸收检测技术可直接测量气体浓度，能直接反映出 SF₆ 气体的真正含量

6. 下列 SF₆ 气体泄漏检测技术中，利用 SF₆ 气体对光谱的吸收特性的检测技术有（　　）。

　　　A. 红外成像检测技术；　　　B. 光声光谱检测技术；

　　　C. 激光成像检测技术；　　　D. 紫外电离检测技术

7. 以下关于 SF₆ 气体泄漏红外成像检测技术的表述中正确的有（　　）。

　　　A. SF₆ 气体泄漏红外成像检测是利用 SF₆ 气体的红外吸收特性；

B. SF₆气体泄漏红外探测器通常选择一个较宽的光谱范围进行检测；

C. SF₆气体浓度越大，则对红外光谱的吸收强度越大，成像仪上视频图像中的烟雾状阴影就越明显；

D. SF₆气体泄漏红外成像仪与激光检漏仪相比，无须反射背景，适用范围更广

8. 根据 Q/GDW 11062—2013《六氟化硫气体泄漏成像测试技术现场应用导则》，SF₆气体泄漏检测应满足的要求有（　　）。

A. 室外检测宜在阴天、夜间、晴天日落 2h 后进行；

B. 室外检测宜在晴朗天气下进行；

C. 室内检测宜关闭场地照明；

D. 检测风速应不大于 5m/s

9. 在（　　）情况时，宜进行六氟化硫气体泄漏检测。

A. 六氟化硫电气设备投运前；

B. 气温骤变时；

C. GIS 设备气室压力有明显降低；

D. GIS 设备补气间隔少于 2 年

10. 利用红外检漏仪进行 GIS 的 SF₆气体检漏时，容易发现漏点的部位有（　　）。

A. 气体管路连接部位；　　　　B. 法兰密封面；

C. 密度继电器接头；　　　　　D. 外置式 TA 金属焊接部位

11. 影响六氟化硫分解的主要因素有（　　）。

A. 电弧能量的影响；　　　　　B. 电极材料的影响；

C. 水分的影响；　　　　　　　D. 氧气的影响

12. SF₆ 气体中的水分对设备的危害有 （　　）。

A. 水解反应产生的氢氟酸、亚硫酸，会严重腐蚀电气设备；

B. 加剧低氟化物水解；

C. 使金属氟化物水解；

D. 在设备内部结露

13. 目前电力系统常用的 SF₆ 气体湿度检测仪器有 （　　）。

A. 电解式；　　B. 色谱式；　　C. 阻容式；　　D. 露点式

14. 红外成像检漏仪主要由 （　　）组成。

A. 红外光学镜头；　　　　　　B. 红外探测器；

C. 数据处理系统；　　　　　　D. 显示单元和供电单元

15. 气体绝缘设备发生故障引起大量 SF₆ 气体外逸事故发生后，进入室内须穿防护服，并戴 （　　）等防护用品。

A. 防毒面具；　　　　　　　　B. 手套；

C. 口罩；　　　　　　　　　　D. 正压式空气呼吸器

16. 定性检漏的目的是为确定 （　　）。

A. 漏气是否存在；　　　　　　B. 漏气的具体部位；

C. 准确漏气量；　　　　　　　D. 漏气时间

17. SF₆ 气体泄漏报警系统一般包括 （　　）。

A. SF₆ 浓度测试仪；　　　　　B. SF₆ 湿度测试仪；

C. 氧气含量测试仪；　　　　　D. 空气含量测试仪

18. 下列情况下宜对某 GIS 母线气室进行红外检漏的是 （　　）。

A. 该气室的额定压力为 0.5MPa，巡检时发现气室压力为 0.47MPa，且密度继电器完好无损；

B. 前天还是秋高气爽，昨天突然遭遇了一场强降雪之后；

C. 查阅补齐记录发现，该气室的两次补气的时间间隔为两年半；

D. 该母线气室由于存在局部放电需进行解体检修，在检修之前

19. 下列关于 SF₆ 的性质说法正确的是 （　　）。

A. SF₆ 气体灭弧能力是空气的 100 倍；

B. SF₆ 热传导性比空气好；

C. SF₆ 密度在 20℃，0.1013MPa 下是 6.16kg/m³；

D. SF₆ 的化学结构比较稳定，所以它的化学性质极不活泼

20. 目前国内外应用于 SF₆ 电气设备中的吸附剂主要成分是 （　　）。

A. 分子筛；　　　　　　　　　B. 活性氧化铝；

C. 硅胶；　　　　　　　　　　D. 碳酸钙

21. SF₆ 气体状态参数曲线中状态参数有 （　　）。

A. 压力；　　B. 湿度；　　C. 密度；　　D. 温度

22. SF₆ 气体湿度计量的表示方法包括 （　　）。

A. 水蒸气分压力；　　　　　　B. 绝对湿度；

C. 相对湿度；　　　　　　　　D. 质量分数

23. 下列关于 SF₆ 气体的性质，描述正确的是 （　　）。

A. 导热系数比空气大；

B. SF₆ 气体在水中的溶解度低；

C. 散热能力比空气弱；

D. 易溶于变压器油和某些有机溶剂

24. 下列检测技术中利用的是 SF₆ 气体电负性的有 （　　）。

A. 负电晕检测技术；　　　　　　B. 电子捕获检测技术；

C. 负离子捕获检测技术；　　　　D. 紫外电离检测技术

25. 关于 SF₆ 气体泄漏红外成像检漏仪，下列说法正确的是 （　　）。

A. 利用 SF₆ 气体对光谱段中"太阳盲区"段的吸收特性进行设计；

B. 利用 SF₆ 气体对光谱段中"大气窗口"段的吸收特性记性设计；

C. 探测器多为非制冷焦平面探测器，热灵敏度较制冷型探测器更高，能够呈现更小的温差，更利于 SF₆ 气体的发现及成像；

D. 与普通热像仪相比，SF₆ 气体泄漏红外成像检漏仪探测器工作波段更窄

26. 卤素效应是指金属在一定温度下发生正离子发射，当遇到卤素气体时，（　　）离子发射会急剧增加，相应地发射特性就是卤素效应。

A. 铂；　　　　B. 钨；　　　　C. 正；　　　　D. 负

27. 以下属于 Q/GDW 11062—2013《六氟化硫气体泄漏成像测试技术现场应用导则》规定的宜进行 SF₆ 泄漏检测情况的是 （　　）。

A. 六氟化硫电气设备在投运前、解体检修后；

B. 充气后 24h；

C. 气温骤变；

D. 运行中发现六氟化硫电气设备气室压力有明显降低；

E. 六氟化硫电气设备补气间隔小于 2 年时

28. GIS 电器设备中 SF₆ 气体水分的主要来源有 （　　）。

A. SF₆ 新气中含有的水分；

B. SF₆ 高压电器设备生产装配中混入的水分；

C. GIS 设备中吸附剂散发的水分；

D. 大气中的水汽通过 SF₆ 电气设备密封薄弱环节渗透到设

备内部

29. SF₆气体优良性能主要表现在（　　）。

　　A. 优良的热化学特性；

　　B. 随温度线性变化；

　　C. SF₆气体分子负电性；

　　D. SF₆气体的电弧时间常数小，电弧电流过零后，介质性能

的恢复远比空气和油介质快

30. SF₆湿度检测不能使用（　　）管。

　　A. 不锈钢；　　　　　　　　　　B. 尼龙；

　　C. 聚四氟乙烯；　　　　　　　　D. 橡胶

31. 影响SF₆气体绝缘强度的因素有（　　）。

　　A. 电场均匀性；　　　　　　　　B. 电极表面形状；

　　C. 电极材料；　　　　　　　　　D. 电压极性

32. 对SF₆气体综合检测仪的重复性允许差描述正确的是（　　）。

　　A. A类SO_2检测范围$0\sim10\mu L/L$，允许差$0.3\mu L/L$；

　　B. B类SO_2检测范围$0\sim10\mu L/L$，允许差$3\mu L/L$；

　　C. A类H_2S检测范围$10\sim100\mu L/L$，允许差2%；

　　D. A类CO检测范围$50\sim100\mu L/L$，允许差$1.5\mu L/L$

33. 测量SF₆气体的湿度计可以使用（　　）仪器。

　　A. 电解式湿度仪；　　　　　　　B. 冷凝式露点仪；

　　C. 阻容式湿度仪；　　　　　　　D. 干湿球湿度仪

34. 确认SF₆气体纯度、湿度和分解产物检测仪装置和状态包括（　　）。

　　A. 设置仪器；　　　　　　　　　B. 仪器吹扫；

C. SF_6 气体测量；　　　　　　　D. 仪器干燥

35. SF_6 分解产物中用于设备状态综合诊断的主要指标是（　　）。

A. SO_2；　　　　B. H_2S；　　　　C. CO；　　　　D. CF_4

36. SF_6 气体分解产物检测仪的主要性能指标是仪器（　　）。

A. 准确度；　　　B. 不确定性；　　C. 偏差；　　　D. 重复性

37. SF_6 气体具有优良的灭弧性能的原因包括（　　）。

A. SF_6 气体在 2000K 附近具有热传导高峰；

B. SF_6 气体具有负电性；

C. SF_6 气体分子质量大；

D. SF_6 气体电弧时间常数为空气的 1/100

38. SF_6 状态参数曲线中，SF_6 的饱和蒸汽压力曲线代表在给定温度下（　　）处于平衡状态时的压力值。

A. 气态；　　　　　　　　　　　　B. 液态；

C. 气液交融态；　　　　　　　　　D. 固态

三、判断题

1. 热导检测法的原理是通过纯净气体混入杂质气体后引起混合气体的导热系数发生变化，从而准确计算出两种气体的混合比例，检测气体浓度。　　　　　　　　　　　　　　　（　　）

2. SF_6 气体纯度、湿度和分解产物检测用的连接管路应首选聚四氟乙烯管或橡胶管。　　　　　　　　　　　　　　（　　）

3. 确认仪器设置和状态中进行镜面检查，若镜面不清洁，可用卫生纸或棉签蘸无水乙醇轻轻擦拭镜面。　　　　　　　（　　）

4. SF_6 气体检测仪与电气设备连接后，应使用 SF_6 气体检漏仪探

测连接处是否存在泄漏。 （　　）

5. 设备解体后，应立即撤离作业现场到空气新鲜的地方，并对作业场所采取强力通风措施，以清除残余气体，在通风换气 4h 后再进入现场工作。 （　　）

6. 使用中的 SF₆ 气体分解产物检测仪需定期送到有资质的单位进行周期性检定，检定周期为 3 年。 （　　）

7. 对设备内 SF₆ 气体水分进行验收试验时，从 SF₆ 气体充入设备到测试，时间间隔应大于 24h。 （　　）

8. SF₆ 气体一旦被液化，其绝缘、灭弧性能迅速下降，所以 SF₆ 断路器不允许工作温度低于实际压力下的液化温度。 （　　）

9. SF₆ 气体是一种无色、无味、无臭、无毒、不燃的惰性气体，化学性质稳定。 （　　）

10. SF₆ 断路器中，SF₆ 气体的作用是绝缘和散热。 （　　）

11. SF₆ 气体绝缘的负极性击穿电压较正极性击穿电压低。

（　　）

12. SF₆ 断路器不允许工作温度高于 SF₆ 液化点。 （　　）

13. SF₆ 气体绝缘的一个重要特点是电场的均匀性对击穿电压的影响远比空气的小。 （　　）

14. SF₆ 气体中混有水分主要危害是：在温度降低时可能凝结成露水附着在零件表面，在绝缘件表面可能产生沿面放电而引起事故，其他方面无危害。 （　　）

15. 低温对 SF₆ 断路器不利，当温度低于某一使用压力下的临界温度，SF₆ 气体将液化，但对绝缘和灭弧能力无影响。

（　　）

16. SF_6 气体断路器的 SF_6 气体在常压下绝缘强度比空气大 3 倍。

( )

17. GIS 耐压试验时，只要 SF_6 气体压力达到额定压力，则 GIS 中的电磁式电压互感器和避雷器均允许连同母线一起进行耐压试验。

( )

18. SF_6 气体断路器含水量超标时，应将 SF_6 气体放净，重新充入新气。

( )

19. SF_6 气体湿度较高时，易发生水解反应生成酸性物质，对设备造成腐蚀；加上受电弧作用，易生成有毒的低氟化物。故对灭弧室及其相通气室的气体湿度必须严格控制，在交接、大修后及运行中应分别不大于 150×10^{-6} 及 300×10^{-6}（体积分数）。

( )

20. 进入 SF_6 配电装置低位区或电缆沟进行工作应先检测含氧量（不低于 18%）和 SF_6 气体含量是否合格。

( )

四、问答题

1. 高压电气设备中 SF_6 气体水分的主要来源是什么？

2. 为什么 SF_6 断路器中 SF_6 气体的额定压力不能过高？

3. SF_6 气体的杂质来源有哪些？

4. 如何比较准确地测量 SF_6 气体湿度？

5. SF$_6$气体中水分对设备的危害有哪些?

6. SF$_6$气体水分测量方法中的露点法特别适合在实验室条件下测量洁净气体中的水分,其测量速度快,测试精度高;但是露点法不太适合现场使用,请简述其主要原因。

7. 电化学传感器法测量 SF$_6$ 分解产物的测量原理及特点分别是什么?

8. 简述 SF$_6$ 气体的电气特性。

9. 分析电气设备检修或解体后的 SF$_6$ 气体不能直接排放到大气中的原因。

10. SF$_6$ 电气设备典型放电故障形式有哪些? 会产生哪些分解产物?

11. 某变电站对 50kV GIS 进行 SF$_6$ 气体分解产物带电检测时,在一个 TA 气室检测到 SO$_2$ 气体组分,浓度为 12.5μL/L,在后续的跟踪检测中缩短了检测周期,每个月进行一次检测,共进行了 5 次检测,各次检测结果分别为:13.2、12.8、12.9、13.0、12.6μL/L,查该设备的运行资料,发现该设备在投运期间进行交接耐压试验时发生了盆式绝缘子沿面闪络,然后对该气室重新处理并重新进行了耐压试验,合格后投运。请结合上述信息,给出设备的处理意见,并说明理由。

12. 某变电站对 500kV GIS 进行 SF$_6$ 气体带电检测时，发现一隔
离开关气室 SF$_6$ 气体纯度为 90.5%，请判断该气室 SF$_6$ 气体
是否合格，分析 SF$_6$ 气体纯度偏低的原因，给出处理措施。

13. 进行 SF$_6$ 气体综合检测时，现场检测应有哪些安全防护？

第六章

相对介质损耗因数及
电容量比值测量

一、单选题

1. 试品绝缘表面脏污、受潮，在试验电压下产生表面泄漏电流，对试品介质损耗和电容量测量结果的影响程度是（　　）。

    A. 试品电容量越大，影响越大；

    B. 试品电容量越小，影响越小；

    C. 试品电容量越小，影响越大；

    D. 与试品电容量的大小无关

2. 电容性套管 $\tan\delta$ 受外界条件的影响关系（　　）。

    A. 受潮后 $\tan\delta$ 增大；

    B. 温度升高而成指数关系下降；

    C. 随着试验电压幅值的升高而减小；

    D. 随着试验电压频率的升高而减小

3. 下列不属于电容型设备的是（　　）。

    A. 电容式电压互感器；   B. 电流互感器；

    C. 耦合电容器；   D. 避雷器

4. 下列电容型设备介质损耗因数计算方法，避免谐波干扰能力最强的是（　　）。

    A. 谐波分析法；   B. 过零点电压比较法；

C. 正弦波参数法；　　　　　D. 高阶正弦拟合法

5. 高压电容型电流互感器受潮后底部能放出水分；油耐压降低；末屏绝缘电阻较低，tanδ 较大；主屏 tanδ 将有较大增量。据此判断互感器为（　　　）。

　　A. 轻度受潮，进潮量较少，时间不长，又称初期受潮；

　　B. 严重进水受潮，进水量较大，时间不太长；

　　C. 深度受潮，进潮量不一定很大，但受潮时间较长；

　　D. 受潮不明显

6. 电流互感器介质损耗因数实际是设备运行电压和末屏接地电流（　　　）。

　　A. 基波相位差的正切；　　　　B. 基波相位差余角的正切；

　　C. 基波相位差的余切；　　　　D. 基波相位差余角的余切

7. 下列关于电容性设备电容量计算公式正确的是（　　　）。

　　A. $I\cos\delta/\omega U$；　　　　　　B. $I\tan\delta/\omega U$；

　　C. $U\cos\delta/\omega I$；　　　　　　D. $U\tan\delta/\omega I$

8. 若参考设备最近一次停电例行试验测得的数据 tanδ 为 0.0025，测得的相对介质损耗因数 Δtanδ 为 0.0012，则被试设备的 tanδ 可估算为（　　　）。

　　A. 0.0037；　　　B. 0.0013；　　　C. 0.0025；　　　D. 0.0012

9. 一般来说，受其结构及参数等因素影响，（　　　）测得的介质损耗差值可能比其他三类设备都较大，可通过历次试验结果进行综合比较，根据其变化趋势做出判断。

　　A. 电流互感器；　　　　　　B. 耦合电容器；

　　C. 电容型套管；　　　　　　D. 电容式电压互感器

10. 若参考设备最近一次停电例行试验测得的电容量为 **789.5pF**，测得的相对容量比值为 **1.264**，则被试设备的电容量可估算为 （　　）**pF**。

　　A. 997.9；　　　B. 678.3；　　　C. 905.6；　　　D. 789.5

11. 电压互感器、耦合电容器相对介质损耗因数"正常"的判断标准为 （　　）。

　　A. 变化量≤0.002；　　　　　　B. 变化量≤0.003；

　　C. 变化量≤0.004；　　　　　　D. 变化量≤0.005

12. 电压互感器、耦合电容器相对介质损耗因数"异常"的判断标准为 （　　）。

　　A. 0.003≥变化量＞0.002；　　B. 0.004≥变化量＞0.002；

　　C. 0.005≥变化量＞0.002；　　D. 0.005≥变化量＞0.003

13. 电压互感器、耦合电容器相对介质损耗因数"缺陷"的判断标准为 （　　）。

　　A. 变化量＞0.002；　　　　　　B. 变化量＞0.003；

　　C. 变化量＞0.004；　　　　　　D. 变化量＞0.005

14. 相对介质损耗因数和电容量带电检测误差最大的电容型设备是 （　　）。

　　A. 电容型套管；　　　　　　　B. 电流互感器；

　　C. 电容式电压互感器；　　　　D. 耦合电容器

15. 电容型设备相对介质损耗因数是指 （　　）。

　　A. 被试设备与参考设备介质损耗值的差值；

　　B. 被试设备与参考设备介质损耗值的比值；

　　C. 被试设备的实际介质损耗值；

D. 被试设备与参考设备介质损耗值的和值

16. 如果相对电容量比值检测大于 1，则说明被试设备电容量与参考设备电容量的大小关系为（　　）。

　　A. 前者小于后者；　　　　　　B. 前者大于后者；

　　C. 二者相等；　　　　　　　　D. 不确定

17. 高压电容型电流互感器受潮后主屏的 tanδ 无明显变化；末屏绝缘电阻降低，tanδ 增大；油中含水量增加。据此判断互感器为（　　）。

　　A. 轻度受潮，进潮量较少，时间不长，又称初期受潮；

　　B. 严重进水受潮，进水量较大，时间不太长；

　　C. 深度受潮，进潮量不一定很大，但受潮时间较长；

　　D. 受潮不明显

18. 下列关于电容型设备介质损耗因数和电容量相对测量表述正确的是（　　）。

　　A. 获得的相对介质损耗因数实际是一个近似值；

　　B. 获得的电容量相对比值实际是一个近似值；

　　C. 必须获取设备运行电压基波相位；

　　D. 参考设备必须与测量设备类型相同

19. 电容型设备绝缘介质损耗因数增大，不可能是由（　　）引起的。

　　A. 绝缘受潮；　　　　　　　　B. 绝缘老化；

　　C. 局部放电；　　　　　　　　D. 外绝缘放电

20. 下列关于电容型设备介质损耗因数和电容量相对测量参考设备的选取原则，说法错误的是（　　）。

　　A. 尽量选择与被试设备处于同一母线或直接相连母线上同

类型电容型设备；

 B. 不能选择不同类型的电容型设备；

 C. 一般选择停电例行试验数据比较稳定的设备；

 D. 选定的参考设备一般不再改变

21. 采用接线盒型取样单元测量电容型设备介质损耗因数和电容量时，下列操作错误的是（　　）。

 A. 测量前先打开连接压板连接测量电缆，测量时拉开操作隔离开关；

 B. 拆装取样单元接口时，一人操作，一人监护；

 C. 测量后先拆除电缆，装上连接压板闸，最后合上操作隔离开关；

 D. 恢复取样单元后，检查确保设备末屏或低压端已经可靠接地

22. 高压电容型电流互感器受潮后潮气进入电容芯部，使主屏 $\tan\delta$ 增大；末屏绝缘电阻较低，$\tan\delta$ 较大；油中含水量增加。据此判断互感器为（　　）。

 A. 轻度受潮，进潮量较少，时间不长，又称初期受潮；

 B. 严重进水受潮，进水量较大，时间不太长；

 C. 深度受潮，进潮量不一定很大，但受潮时间较长；

 D. 受潮不明显

23. 电容型设备介质损耗因数和电容量相对测量测试数据异常时，首先应（　　）。

 A. 排除测试仪器及接线方式上的问题；

 B. 确认被测信号是否来自同相、同电压的两个设备；

C. 选择其他参考设备进行比对测试；

D. 开展其他诊断试验

24. 下列不属于相对介质损耗因数和电容量带电测试接线盒型取样单元要求的是（　　）。

A. 应采用金属外壳；

B. 具备优良的防锈、防潮、防腐性能；

C. 便于安装固定在被测设备下方的支柱或支架上使用；

D. 电流信号测量误差小

25. 对一台 LCWD2-110 电流互感器，根据其主绝缘的绝缘电阻 10000MΩ、tanδ 值为 0.33%；末屏对地绝缘电阻 60MΩ、tanδ 值为 16.3%，给出了各种诊断意见，其中（　　）项是错误的。

A. 主绝缘良好，可继续运行；

B. 暂停运行，进一步做油中溶解气体色谱分析及油的水分含量测试；

C. 末屏绝缘电阻及 tanδ 值超标；

D. 不合格

26. 电压互感器、耦合电容器相对电容量比值缺陷判断标准为（　　）。

A. 初值差＞10%；　　　　　　　B. 初值差＞20%；

C. 初值差＞30%；　　　　　　　D. 初值差＞40%

27. 电压互感器、耦合电容器相对电容量比值"正常"的判断标准为（　　）。

A. 初值差≤5%；　　　　　　　　B. 初值差≤10%；

C. 初值差≤15%；　　　　　　　D. 初值差≤20%

28. 电压互感器、耦合电容器相对电容量比值"异常"的判断标准为（　　）。

　　A. 10%≥初值差＞5%；　　　　B. 20%≥初值差＞5%；

　　C. 20%≥初值差＞10%；　　　 D. 30%≥初值差＞10%

29. 采用接线盒型取样单元测量电容型设备介质损耗因数和电容量时，下列操作错误的是（　　）。

　　A. 测量前先打开连接压板连接测量电缆，测量时拉开操作隔离开关；

　　B. 拆装取样单元接口时，一人操作，一人监护；

　　C. 测量后先拆除电缆，装上连接压板闸，最后合上操作隔离开关；

　　D. 恢复取样单元后，检查确保设备末屏或低压端已经可靠接地

30. 采用相对法测量电容型设备相对介质损耗因数，若被试设备和参考设备的基波相位分别为 φ_1 和 φ_2，则其相对介质损耗因数为（　　）。

　　A. $\tan(\varphi_1-\varphi_2)$；　　　　B. $\tan(\varphi_2-\varphi_1)$；

　　C. $\tan(90°-\varphi_2+\varphi_1)$；　　D. $\tan(90°+\varphi_2-\varphi_1)$

31. 采用绝对法测量电容型设备相对介质损耗因数，若运行电压相位和末屏接地电流的基波相位分别为 φ_1 和 φ_2，则其绝对介质损耗因数为（　　）。

　　A. $\tan(\varphi_1-\varphi_2)$；　　　　B. $\tan(\varphi_2-\varphi_1)$；

　　C. $\tan(90°-\varphi_2+\varphi_1)$；　　D. $\tan(90°+\varphi_2-\varphi_1)$

32. 对于 0.5 级电压互感器来说，使用其二次侧电压作为介质损耗带电测量的基准信号，本身就可能造成±20′ 的测量角差，相当于（　　）的介质损耗测量绝对误差。

    A. ±0.005；　　B. ±0.006；　　C. ±0.007；　　D. ±0.008

33. 线路耦合电容器相对介质损耗因数和电容量带电检测的信号取样，为避免对载波信号造成影响，应采用（　　）型取样单元。

    A. 传感器；　　　　　　　　　　B. 取样盒；

    C. 传感器或取样盒；　　　　　　D. 绝缘盒

34. 某电流互感器采用一台参考设备进行相对介质损耗因数带电测试，上次测试值为 0.0039，本次测试值为 0.0071 该设备状态为（　　）。

    A. 正常；　　　　B. 注意；　　　　C. 异常；　　　　D. 缺陷

二、多选题

1. 下列关于电容型设备绝缘带电相对测量的说法，正确的是（　　）。

    A. 谐波分析法能够有效防止电网谐波的干扰；

    B. 谐波分析法能够有效地抵御电网波动带来的影响；

    C. 虽然 TV 存在固有角差，但不会对 $\tan\delta$ 测量结果造成较大的影响；

    D. 相对介质损耗因数和电容量比值带电测量时，数据分析应综合考虑设备历史运行状况、同类型设备参考数据，同时参考其他带电测试试验结果，如油色谱试验、红外测温以及高频局部放电测试等技术手段进行综合分析

2. 下列关于接线盒型取样单元功能的作用，说法正确的是（　　）。

    A. 提供一个电流测试信号的引出端子；

B. 设有多重保护，可防止电容型设备末屏（或低压端）开路；

C. 测量电容型设备末屏（或低压端）的接地电流；

D. 停电例行试验时，可以通过操作取样单元内的隔离开关来断开接地，避免需要打开接地

3. 下列关于传感器型取样单元特点的描述，正确的是 （　　）。

A. 需要定期校验；

B. 现场测试接线简单、明了，操作方便；

C. 取样单元需要定期校验；

D. 整个接地回路上无断点，不会给设备运行带来风险

4. 下列关于电容型设备介质损耗因数和电容量带电检测表述正确的是 （　　）。

A. 采用谐波分析法能够消除谐波的影响；

B. 绝对测量法必须获取电压相位；

C. 采用相对测量法，参考设备必须与测量设备类型相同；

D. 采用绝对测量法，TV 角差会对测量结果有较大影响

5. 下列与绝缘介质损耗成正比关系的因素是 （　　）。

A. 电源电压的二次方；　　　　　　B. 温度；

C. 角频率；　　　　　　　　　　　D. 介质损耗因数

6. 电容型设备相对介质损耗因数和电容量比值带电测试如测试数据异常时，应完成的工作有 （　　）。

A. 排除测试仪器及接线方式上的问题；

B. 确认被测信号是否来自同相、同电压的两个设备；

C. 选择其他参考设备进行比对测试；

D. 采用绝对测量法进行复测

7. 下列关于电容型设备介质损耗因数的带电测量方法，正确的是
（　　）。

  A. 相关分析法需经滤波消噪环节进行信号处理；

  B. 正弦波参数法无法克服电网谐波和噪声带来的影响；

  C. 高阶正弦拟合法计算量过大；

  D. 谐波分析法要求整周期采样

8. 电容型设备介质损耗因数和电容量带电检测准确性和分散性与停
电例行试验相比都较大，分析时应结合（　　）等信息进行综合
分析。

  A. 设备历史运行状况；   B. 同类型设备参考数据；

  C. 油色谱试验结果；   D. 红外测温结果

9. 可能影响电容型设备相对介质损耗因数和电容量比值测量结果的
因数有（　　）。

  A. 电网频率波动；   B. 电网电压波动；

  C. 温度；   D. 湿度

10. 电容型设备介质损耗因数和电容量相对测量应防止设备末屏开
路，可采取的措施包括（　　）。

  A. 取样单元引线连接牢固，符合通流能力要求；

  B. 试验前应检查电流测试引线导通情况；

  C. 测试结束保证末屏可靠接地；

  D. 尽量减少测量次数

11. 对电容型设备相对介质损耗因数和电容量比值测试人员的要求包
括（　　）。

  A. 熟悉电容型设备介质损耗因数和电容量带电测试的基本

原理；

B. 掌握带电检测仪的操作程序和使用方法；

C. 了解各类电容型设备的结构特点、工作原理、运行状况和设备故障分析的基本知识；

D. 熟悉并能严格遵守电力生产和工作现场的相关安全管理规定

12. 测量电容型设备的电容量可以发现（   ）。

   A. 绝缘介质均匀受潮；   B. 电容屏击穿；

   C. 设备严重缺油；   D. 局部绝缘受潮

13. 提高传感器型取样单元测量精度的措施包括（   ）。

   A. 采用完善的电磁屏蔽措施；

   B. 对铁芯内部的励磁磁势进行全自动的跟踪补偿；

   C. 选用起始磁导率较高、损耗较小的特殊合金作铁芯；

   D. 采用即插式标准接口设计

14. 电容型设备相对介质损耗因数和电容量带电检测时，参考设备可选择与试设备处于同一母线或直接相连母线上的（   ）。

   A. 同类型同相设备；   B. 同类型异相设备；

   C. 异类型同相设备；   D. 异类型异相设备

15. 电容型设备相对介质损耗因数和电容量带电检测时，参考设备的选择原则包括（   ）。

   A. 选择停电例行试验数据比较稳定的设备；

   B. 分裂运行双母线应分别选择各自母线段下的参考设备进行带电检测工作；

   C. 选定的参考设备一般不再改变，以便于进行对比分析；

D. 尽量选择历史测试数据较小的设备

16. 排除互感器大小瓷套上的水分后，tanδ 值仍降不下来，如果是电流互感器，造成 tanδ 值偏大的主要原因有（　　）等现象。

    A. 绕组匝间短路；   B. 瓷套损坏；

    C. 试品吸尘、吸潮；   D. 绕组碰伤

17. 温差变化和湿度增大会使高压互感器的 tanδ 超标，处理方法有（　　）。

    A. 屏蔽法；   B. 化学去湿法；

    C. 红外线灯泡照射法；   D. 烘房加热法等

三、判断题

1. 电流互感器接地引线下回路导线材质宜选用多股铜导线。（　　）

2. 对于套管类设备的相对介质损耗和电容量比值的信号取样，应根据被监测设备的末屏接地结构，设计和加工与之相匹配的专用末屏引出装置，并保证其长期运行时的电气连接及密封性能。（　　）

3. 温差变化和湿度增大，不会使高压互感器的 tanδ 超标。（　　）

4. 相对介质损耗因数和电容量比值带电测量测试数据异常时，应首先选择其他参考设备进行比对测试。（　　）

5. 油纸电容型套管的 tanδ 一般不进行温度换算。（　　）

6. 电容型设备的 tanδ 仅取决于绝缘特性而与材料尺寸无关。（　　）

7. 对运行中悬式绝缘子串劣化绝缘子的检出测量，可选用测量介质损耗因数 tanδ 的方法。（　　）

8. 电容型设备相对介质损耗因数和电容量比值带电测量时，对于

同一变电站带电检测工作宜安排在每年的相同或环境条件相似的月份，以减少现场环境温度和空气相对湿度的较大差异带来数据误差。（　　）

9. 电容型设备相对介质损耗因数和电容量比值带电测量，采用同相比较法时，应注意相邻间隔带电状况对测量的影响，并记录被试设备相邻间隔带电与否。（　　）

10. 流过容性介质的电流，由电容电流分量和电阻电流分量两部分组成，电容电流分量就是因介质损耗而产生的。（　　）

11. 相对介质损耗因数和电容量比值带电测量时，应注意相邻间隔对测试结果的影响，记录被试设备相邻间隔带电与否。（　　）

12. 相对介质损耗因数和电容量比值带电测量时，如同一母线或直接相连母线上无同类型设备，可选择同相异类电容型设备作为参考设备。（　　）

13. 当设备各部分的介质损耗因数差别较大时，其综合的 $\tan\delta$ 值接近于并联电介质中电容量最大部分的介质损耗数值。（　　）

14. 电容型设备相对介质损耗因数和电容量比值带电测试时，如被试设备没有同相同类型设备作为参考设备，则无法进行试验。（　　）

15. 用于电容型设备相对介质损耗因数和电容量比值带电测量的接线盒型取样单元和传感器型取样单元均具有信号测量的功能。（　　）

16. 接线盒型取样单元应采用金属外壳，具备优良的防锈、防潮、防腐性能，且便于安装固定在被测设备下方的支柱或支架上使用。（　　）

17. 用于相对介质损耗因数和电容量带电检测的传感器型取样单元应采用即插式标准接口设计，方便操作。（　　）

18. 电容型设备 tanδ 是设备绝缘的局部缺陷由介质损耗引起的有功电流分量和设备总电容电流之比。（　　）

19. 进行相对介质损耗因数和电容量带电检测，基准设备一般选择停电例行试验数据比较大的设备。（　　）

20. 相对介质损耗因数是指在同相相同电压作用下，两个电容型设备电流基波矢量角度余弦的正切值。（　　）

21. 相对电容量比值是指在同相相同电压作用下，两个电容型设备电流基波的幅值比。（　　）

22. 绝对测量法的主要优点是能够直接测量电容型设备的介质损耗因数和电容量的绝对值，且其与传统停电测量的原理和判断标准都较为类似。（　　）

23. 接线盒型取样单元主要功能提供一个电流测试信号的引出端子并防止末屏（或低压端）开路，但没有信号测量功能。（　　）

四、问答题

1. 什么是容性设备？

2. 什么是相对介质损耗因数？什么是相对电容量比值？

3. 论述电容型设备介质损耗因数和电容量带电测试关于安全的要求。

4. 论述电容型设备相对介质损耗因数和电容比值带电检测时参考

设备的选取原则。

5. 电容型设备相对介质损耗因数和电容量比值带电检测开始前应完成哪些准备工作?

6. 简述电容型设备相对介质损耗因数和电容量比值带电检测接线与测试的流程。

7. 电容型设备相对介质损耗因数和电容量比值测试完成后应进行哪些工作?

8. 电容型设备绝缘带电检测的电流取样单元可以分为传感器型和接线盒型两类,试分析二者的优缺点。

9. 用于电容型设备相对介质损耗的传感器取样单元应满足哪些要求?

10. 为什么说在低于5℃时,介质损耗试验结果准确性差?

11. 简述电容型设备相对介质损耗因数和电容量比值检测周期的要求。

12. 电容型设备介质损耗因数和电容量的带电检测绝对测量法误差较大,其重要原因是什么?

13. 简述电容型设备介质损耗因数和电容量带电检测绝对测量法的原理。

14. 简述电容型设备介质损耗因数和电容量带电检测相对测量法的原理。

15. 简述电容型设备介质损耗因数和电容量带电检测相对测量法比绝对测量法的优点。

16. 简述电容型设备相对介质损耗因数和电容量比值带电检测相对测量法比绝对测量法的优点。

17. 论述电容型设备介质损耗因数和电容量带电测试人员的基本要求。

18. 图 6-1 所示为接线盒型电流取样单元的原理图，请说明其工作原理及各部分所起到的作用。

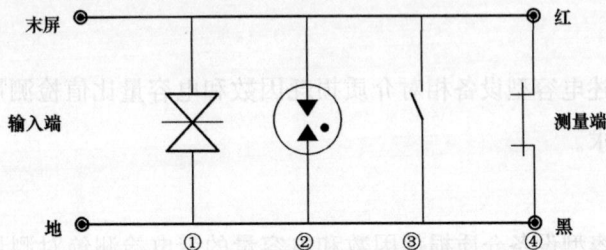

图 6-1　接线盒型电流取样单元原理

19. 简述电容型设备介质损耗因数和电容量带电检测系统的基本组成及各部分的主要作用。

20. 简述电容型设备介质损耗因数和电容量带电检测的检测条件要求。

21. 对某变电站 102 单元电流互感器进行绝缘带电检测时，以 113 单元为参考设备的测试数据见表 6-1，102、113 单元上次停电例行试验数据见表 6-2，请根据测试数据分析最有可能存在缺陷的设备。

表 6-1　　　　　102 单元电流互感器带电测试相对
介质损耗及电容量数据　　　　单位：pF

试验时间	参考设备	测试数据		
		A	B	C
2009.7.1	113	−0.0020/1.264	0.0564/1.278	−0.0022/0.834
2008.6.20	113	−0.0022/1.239	−0.0031/1.261	−0.0024/0.829

被测 102 单元及基准 103 单元历史停电例行试验数据见表 6-2。

表 6-2　　　102、113 单元电流互感器停电例行试验数据　　　单位：pF

单元	试验时间	试验数据		
		A	B	C
113	2006 年	0.00353/696	0.00447/689.8	0.00404/880
102	2007 年	0.00255/882.4	0.00251/860.3	0.00289/738.3

22. 论述带电测量介质损耗因数和电容量对电容型设备的意义。

参 考 答 案

第一章 红外热成像检测

一、单选题

1. D 2. D 3. C 4. D 5. A 6. D 7. C 8. D 9. C 10. B

11. D 12. C 13. A 14. A 15. B 16. A 17. C 18. A 19. D

20. D 21. A 22. A 23. D 24. B 25. C 26. C 27. D 28. C

29. B 30. A 31. D 32. D 33. C 34. A 35. D 36. D 37. C

38. D 39. D 40. B 41. A 42. D 43. A 44. A 45. D 46. B

47. B 48. C 49. B 50. A 51. C 52. C 53. A 54. A 55. C

56. C 57. B 58. C 59. B 60. A 61. C 62. C 63. C 64. B

65. B 66. D 67. B 68. D 69. C 70. C 71. B 72. C 73. B

74. C 75. D 76. A 77. C 78. B 79. C 80. C 81. B 82. C

83. B 84. D 85. D 86. C 87. C 88. D 89. C 90. B 91. A

92. C 93. B 94. C 95. C 96. C 97. A 98. B 99. C 100. C

101. A

二、多选题

1. ABD 2. BD 3. AD 4. BD 5. ABCD 6. ACD 7. ACD

8. ABCD 9. ABC 10. ABCD 11. ABD 12. ABCDE

13. ABCDE 14. BCD 15. BCD 16. ACD 17. ABCD 18. BD

19. ABC 20. ABD 21. CD 22. ACD 23. ACD 24. BD

25. ACD 26. ABCD 27. ABCD 28. ABC 29. ABCD 30. BCD

31. ACD　32. AC　33. ABCDF　34. ABCD　35. ABD　36. CD

37. AB　38. ABCD　39. BD　40. ABD　41. ABDE　42. CD

43. BD　44. ABD　45. ABCD

三、判断题

1. √　2. ×　3. ×　4. √　5. ×　6. √　7. √　8. √　9. √

10. ×　11. √　12. ×　13. √　14. ×　15. √　16. ×　17. √

18. √　19. √　20. √　21. √　22. ×　23. √　24. ×　25. √

26. √　27. √　28. √　29. √　30. √　31. √

错误答案改正：

2. 红外热成像仪可以检测到泄漏的 SF_6 气体。

3. 虽然红外线有穿透性，但不应在雷、雨、雾、雪等天气状态下检测。

5. 红外热像仪的校准使用的是标准黑体。

10. DL/T 664—2008《带电设备红外诊断应用规范》规定，一般不在低于30％额定的负荷进行热像检测。

12. 热像仪在开机预热中不能进行温度检测。

14. 热像仪的 IFOV 是 1.3mrad，对 1cm 接头进行检测时，最远可以在 7.69m 的距离。

16. DL/T 664—2008《带电设备红外诊断应用规范》规定，一般检测要求的室外风速通常不超过 5m/s。

22. DL/T 664—2008《带电设备红外诊断应用规范》规定，作为一般检测的发射率通常设置为 0.90。

24. 对于电气柜，红外热像仪不能直接透过柜门进行检测。

10. 答：用热像仪观察一个低空间频率的靶标时，当其视频信号的信噪比（*S*/*N*）为 1 时，观测者可以分辨的最小目标与背景之间的等效温差。*NETD* 是评价热像仪探测目标灵敏度和噪声大小的一个客观参数。

11. 答：黑体又称绝对黑体，能全部吸收电磁辐射而毫无反射和透射的理想物体。黑体对任何波长的电磁辐射吸收系数为 1，反射系数与透射系数均为零，所以，黑体被光照射时呈全黑色。真正的黑体并不存在，但在一个空腔表面开一个小孔，则因任何辐射进入小孔后在腔内进行多次反射和吸收，很难再有机会从小孔透出，犹如为小孔全部吸收，所以，这个小孔就十分近似于黑体的表面。黑体不仅能全部吸收外来的电磁辐射，而且发射电磁辐射的能力比同温度下的任何物体强。黑体辐射中存在着各种波长的电磁波，其能量按波长的分布仅与黑体温度有关。对黑体辐射的性质研究，曾是物理学发展中一个关键问题，黑体辐射在应用上可作为辐射和高温测量的标准。

12. 答：传热学中依据物体辐射的规律而提出的名词。凡是物体的辐射为连续光波，并且各波段的辐射能比同温度下黑体相应波段上的辐射能小，但总与之保持一定的比值，这样的物体称为灰体。红外诊断中一般将实体物质作为灰体，物体辐射与黑体辐射的比值称为灰体的黑度。灰体的辐射能等于同温度黑体的辐射能乘以灰体的黑度。

13. 答：红外仪器距离面体源 1m 测量环境温度下的黑体温度，将黑体源分 4 个区域，每个区域取 2～3 点记录温度，计算偏差，应满足测温准确度。

14. 答：相对温差是指两个对应测点之间的温差与其中较热点的温升之比的百分数相对温差 t 可用下式求出：

$$d_t = \frac{t_1 - t_2}{t_1} \times 100\% = \frac{T_1 - T_2}{T_1 - T_0} \times 100\%$$

式中　t_1、T_1——发热点的温升和温度；

　　　t_2、T_2——正常相对应点的温升和温度；

　　　T_0——环境温度参照体的温度。

15. 答：环境温度参照体是指用来采集环境温度的物体。它可能不具有当时的真实环境温度，但它具有与被测物相似的物理属性并与被测物体处在相似的环境之中。

16. 答：从目标发射进热像仪的辐射叫做反射表象温度，即反射温度，也称作反射环境温度，常写作 Trefl。

注意：在实际红外热成像检测中，反射总是存在的，反射是红外热像图谱错误分析的根源。

17. 答：热状态异常有两种，一种是设备比正常温度偏高，一种是设备比正常温度偏低。红外检测与故障诊断的基本原理就是通过探测被诊断设备的红外辐射信号，从而获得设备的热状态特征，并根据这些热状态特征及其规律，做出设备有无故障及故障属性和严重程度的诊断。

18. 答：现场检测要获得清晰的红外热像图谱，实际测量时应注意：

（1）正确设置检测参数。

（2）选择正确的测温量程。

（3）正确调整焦距。

（4）了解最大的测量距离。

（5）尽量使得工作背景单一。

（6）拍摄的时候要保证热像仪的平稳。

（7）选择多角度全方位拍图。

19. 答：现场实际测量时，通常应按下列方法进行：

（1）用长焦望远镜头。

（2）缩短与被测目标的距离。

（3）组合使用上述两种办法。

20. 答：最快捷、最简单地摄取一幅红外图谱的操作方法是：

（1）对准目标，按住 A 键保持 1～2s，自动调焦，或用操纵杆手动调焦，使图像清晰。

（2）按一下 A 键，自动调整图像的对比度和明亮度，使图像层次分明，即高低温清晰分辨，或者手动调节对比度和明亮度。

（3）按一下 S 键冻结图像，查看目标温度。

（4）按住 S 键保持 1s，保存图像即可。

21. 答：欲获得红外图像最佳的摄取，应从以下 3 点实现：

（1）选择不同的调色板；根据图谱的性质选取铁红、彩虹、黑白（白热）等。

（2）选择合适的温度范围；也就是在不超过测量范围的情况下，尽可能选用低的温度范围。

（3）选择合适的电平值和温宽值，也就是图像的亮度和对比度。也就是选取调节适当的电平和温宽值，使摄取的图像层次感更好。

22. 答：通常电力设备的故障缺陷，主要有：

（1）电流致热效应型缺陷，电阻损耗增大缺陷故障；

$$P = K_f I^2 R (\text{W})$$

式中　P——发热功率，W；

　　I——电流强度，A；

　　R——设备或载流导体的直流电阻，Ω；

　　K_f——附加损耗数。

（2）电压致热效应型缺陷，介质损耗增大故障；高压电气设备内部绝缘由于绝缘介质老化，介质损耗增大或密封不良、进水受潮、油质劣化，也会产生致热效应。

$$P = U^2 \omega C \tan\delta (\text{W})$$

式中　U——施加的电压，V；

　　ω——交变电压角频率；

　　C——介质的等值电容，F；

　　$\tan\delta$——介质损耗角正切值。

（3）铁磁损耗或涡流引起的缺陷，可分别导致铁制箱体涡流发热或铁芯局部过热。

　　铁磁损耗：$P \propto K B_0^2$

式中　B_0——漏磁通。

（4）电压分布异常和泄流电流增大缺陷故障。

（5）油浸式电气设备缺陷，缺油等其他故障。

23. 答：（1）要防止太阳照射与背景辐射影响。户外设备检测应选择在阴天、日出前或日落后一段时间内，最好在晚上。户内设备检测时，应关闭照明灯。当附近有高温设备时，应进行遮挡或选择合适的检测方向。

（2）要防止环境温度的影响。应避开环境温度过高和过低的夏季和冬季，检测在春季 4、5 月份和秋季 9、10 月份；变电站选择日出或日落后 3h 检测；选择理想的环境温度参照体，如不发热的相似设备表面，来采集环境温度参数，可在一定程度上弥补环境温度变化带来的检测误差。

（3）要防止气象条件的影响。选择无雾、无雨、无云天气进行；尽量在无风的天气检测，实在不行，则进行风速修正。

（4）要防止大气中物质的影响，由于红外线在传输路径大气中存在水汽、CO、CH_4 和悬浮微粒，使其衰减，因此，检测应尽量放在天气较干燥的季节，并且湿度不超过 85％；在保证安全的条件下，检测距离尽量缩短在 5m 左右。

（5）要防止发射率的影响。检测时应正确设定发射率，并在检测结果处理时，进行发射率修正。

（6）要防止运行状态的影响。检测和负荷电流有关的设备时，应选择在满负荷下检测；检测和电压有关的缺陷时，应保证在额定电压下，电流越小越好；检测温度时，应使设备达到稳定状态为止。

24. 答：红外检测发现的设备过热缺陷应纳入设备缺陷管理制度的范围，按照设备缺陷管理流程进行处理。根据过热缺陷对电气设备运行的影响程度分为以下 3 类：

（1）一般缺陷：指设备存在过热，有一定温差，温度场有一定梯度，但不会引起事故的缺陷。这类缺陷一般要求记录在案，注意观察其缺陷的发展，利用停电机会检修，有计划地安排试验检修消除缺陷。

当发热点温升值小于 15K 时，不宜采用附录 A 的规定确定设备缺陷的性质。对于负荷率小、温升小但相对温差大的设备，如果负荷有条件或机会改变时，可在增大负荷电流后进行复测，以确定设备缺陷的性质，当无法改变时，可暂定为一般缺陷，加强监视。

（2）严重缺陷：指设备存在过热，程度较重，温度场分布梯度较大，温差较大的缺陷。这类缺陷应尽快安排处理。

对电流致热型设备，应采取必要的措施，如加强检测等，必要时降低负荷电流；对电压致热型设备，应加强监测并安排其他测试手段，缺陷性质确认后，立即采取措施消缺。

（3）危急缺陷：指设备最高温度超过 GB/T 11022—2011《高压开关设备和控制设备标准的共用技术要求》规定的最高允许温度的缺陷。这类缺陷应立即安排处理。

对电流致热型设备，应立即降低负荷电流或立即消缺；对电压致热型设备，当缺陷明显时，应立即消缺或退出运行，如有必要，可安排其他试验手段，进一步确定缺陷性质。

注意：电压致热型设备的缺陷一般定为严重及以上的缺陷。

25. 答：线路检测出现这种特殊现象的原因如下：

（1）仪器空间分辨率不够。

（2）检测环境温度影响。

（3）检测角度。

（4）仪器本身问题。

（5）仪器调整。

26. 答：线路红外检测出现目标温度过低或负数这一特殊现象，一般应采取如下措施：

(1) 检查仪器的参数设定。

(2) 调整焦距达最清楚。

(3) 调整检测距离或加长焦镜头增加空间分辨率。

(4) 改变检测角度尽量正对目标，减少天空各种反射对目标的影响。

(5) 热图三相比较判断。

(6) 上传检测热图，寻求协助。

27. 答：因为红外热成像仪是一款精密贵重的检测仪器，正确、规范地对红外热成像仪的进行维护和保养，尤为重要。通常应按下列方式进行维护与保养：

(1) 红外热成像仪应由专人保管维护，保存在保险柜内，并采取防火、防潮、防盗措施。

(2) 开机时按一下电源按钮，不要反复按电源按钮。

(3) 安装存储卡时要注意方向的正确性，用力要适当。

(4) 现场使用仪器时，注意挂好仪器的背带、环带，注意不要刮伤镜头，不使用时应及时盖上镜头盖。

(5) 对仪器充电充满后应拔掉电源，如要延长充电时间，不要超过 30min。

(6) 仪器使用完毕后，要关闭电源，取出电池，盖好镜头盖，把仪器放入便携箱内保存。

(7) 禁止用手或纸巾直接擦镜头，也不要用水清洗镜头，应用镜头纸轻轻擦拭。

（8）仪器的机身和附件可用软布擦拭清洁；清除污垢时，应用浸有温和清洁液并拧干的软布擦拭，然后用干的软布擦净。

（9）仪器长时间放置时，定期开机运行一段时间，以保持性能稳定。

（10）仪器不可对着太阳、高温热炉、人眼睛等直射，在污染、潮湿、寒冷的环境检测，作好相应的防尘、防潮、保温等防护措施。

第二章　油中溶解气体分析

一、单选题

1. D　2. C　3. A　4. B　5. A　6. B　7. D　8. B　9. A
10. A　11. A　12. B　13. B　14. C　15. D　16. C　17. D　18. D
19. D　20. C　21. B　22. B　23. C　24. D　25. D　26. C　27. A
28. B　29. D　30. C　31. C　32. B　33. D　34. B　35. A　36. B
37. B　38. B　39. A　40. C　41. B　42. A　43. A　44. C　45. C
46. B　47. C　48. D　49. B　50. B

二、多选题

1. ABC　2. AC　3. ABCDE　4. ABC　5. ABC　6. AB
7. ABCD　8. ABD　9. BCD　10. ABCD　11. BC　12. ABC
13. ACD　14. ABCD　15. ABCD　16. ABCD　17. ACD　18. BD
19. ABD　20. ABCDE　21. ABCD　22. BCD

三、判断题

1. ×　2. √　3. √　4. ×　5. √　6. √　7. √　8. √　9. ×

10. × 　11. × 　12. √ 　13. × 　14. √ 　15. √ 　16. × 　17. ×

18. √ 　19. √ 　20. √ 　21. √ 　22. √ 　23. √ 　24. × 　25. √

26. √ 　27. × 　28. √ 　29. √ 　30. √ 　31. √ 　32. √ 　33. √

34. √ 　35. √ 　36. √ 　37. √ 　38. √ 　39. × 　40. × 　41. √

42. × 　43. √ 　44. ×

错误答案改正：

1. 随着故障点温度的升高，变压器油裂解产生的烃类气体成分按 $CH_4 \rightarrow C_2H_6 \rightarrow C_2H_4 \rightarrow C_2H_2$ 的顺序推移。

4. 电弧放电是高能量放电，常以绕组匝层间绝缘击穿为多见，其次为引线断裂或对地闪络和分接开关飞弧等故障。

9. 气相色谱议 H_2 的最小检知浓度为不大于 $5\mu L/L$。

10. 变压器油中溶解气体含量超过标准规定的注意值，则设备不一定存在故障。

11. 在气相色谱分析时，要保证两次或两次以上的标定重复性在 1.5% 以内。

13. 油中溶解气体分析的故障气体是氢气（H_2）、甲烷（CH_4）、乙烷（C_2H_6）、乙烯（C_2H_4）、乙炔（C_2H_2）、一氧化碳（CO）、二氧化碳（CO_2）。

16. 变压器局部高能量内部放电或由短路造成的闪络，沿面放电或电弧产生的故障为电弧故障。

17. 油过热产生的主要气体是 C_2H_4 和 CH_4。

24. 绝对产气速率表示法能直接反映出故障性质和发展程度，包括故障源的功率、温度和面积等。

27. DL/T 722—2014《变压器油中溶解气体分析和判断导

则》推荐的注意值不是划分设备是否正常的唯一判据，还要结合设备的历史数据、运行情况、产气速率等进行综合分析。

39. 对变压器进行色谱分析时，如果特征气体为氢气，则说明变压器内部可能存在局部放电故障或进水受潮。

40. 柱温升高，将使色谱分析时间缩短。

42. 当三比值编码为 000 时，一般属于正常老化，但如果出现特征气体浓度很高，而三比值编码恰巧为 000 时，则不能认为无故障。

44. 变压器内出现的故障往往不是单一某种类型的故障。

四、问答题

1. 答：（1）绝对产气速率表示法能直接反映出故障性质和发展程度，包括故障源的功率、温度和面积等。不同设备的绝对产气速率具有可比性。

（2）相对产气速率表示法计算简便，对同一设备油中产气速率前后对比，能看出故障的发展趋势。但是，不同设备由于容量与油量的不同，缺乏可比性，不能直接反映故障源的有关参数。

（3）对新投运的变压器或电抗器，大修后的设备及总烃基值低的设备和少油设备中不宜采用相对产气速率，否则误差较大。

2. 答：追踪分析时间间隔应适中，一般采用先密后疏的原则，且必须采用同一方法进行气体分析。

若确定为电弧放电故障，建议立即停电检查，并立即取样做试验，追踪周期定为 1 天或 1 天以内，此时如果产气速率增加的缓慢，再逐渐增加周期的间隔时间。

若故障性质为高温过热，且总烃高，并有 C_2H_2 出现，此时如果负荷允许，建议停电检查，若条件不允许，追踪周期一般定为 3～7 天。如果产气速率较快时，再缩短间隔时间，产气速率较慢时，追踪周期可再延长。

若故障性质为火花放电时，追踪周期一般定为 1～2 周。

若故障性质为中温过热、低温过热时，追踪周期一般定为 15～30 天。

3. 答：严重过热（高于 500℃）。

4. 答：局部放电。

5. 答：一般是过热故障，并且故障在电路或外围附件（一般为潜油泵电路有问题）。

6. 答：(1) 特征气体法分析。总烃含量高，远大于 $150\mu L/L$；产气速率已经高达 $1296mL/d$，变压器有故障。

(2) 用三比值法分析（以 3 月 25 日数据计算）：

$$\frac{C_2H_2}{C_2H_4} = \frac{2.95}{492} = 0.006 < 0.1$$

$$\frac{CH_4}{H_2} = \frac{279}{136} = 2.05$$

$$\frac{C_2H_4}{C_2H_6} = \frac{492}{59} = 8.36$$

三比值编码为：022，故障性质为"高于 700℃ 高温范围的热故障"。

(3) 根据直流电阻测试数据分析。分接开关滚动操作前，C 相值大，三相电阻不平衡率为 6.4%，大于 2%，滚动操作后，A、B 两相电阻变化不大，C 相电阻下降明显，三相不平衡率为 0.5%。

（4）综合分析。该主变压器属于无载调压变压器，分接开关和变压器本体是一体的，其过热点在 C 相分接开关，属金属性过热，过热点温度在 700℃以上。

7. 答：变压器油纸绝缘材料热分解产生的可燃和非可燃气体达 20 种左右，因此，根据故障诊断的需要，选定必要的气体作为分析对象是很重要的。我国按 DL/T 722—2014《变压器油中溶解气体分析和判断导则》或 GB/T 7252—2001《变压器油中溶解气体分析和判断导则》要求一般分析 9 种，最少必须分析 7 种气体。一般包括永久性气体（H_2、O_2、N_2、CO、CO_2）及气态烃（CH_4、C_2H_6、C_2H_4、C_2H_2）共 9 个组分。表 1 列出了分析这些气体的主要目的。

表 1　　　　　　　　分析 9 种气体的主要目的

组分	作为分析对象的理由
O_2	主要了解脱气程度和密封好坏，严重过热时 O_2 也明显减少
N_2	主要了解氮气饱和程度
H_2	主要了解热源温度或有没有局部放电或受潮
CO_2	主要了解固体绝缘老化或平均温度是否高
CO	主要了解固体绝缘有无热分解
CH_4	主要了解热源温度
C_2H_6	主要了解热源温度
C_2H_4	主要了解热源温度
C_2H_2	主要了解有无放电或高温热源

8. 答：主要是利用以下 4 个条件来达到目的的：

（1）故障下产气的累积性。充油电气设备的潜伏性故障所产生的可燃性气体大部分会溶解于油。随着故障的持续，这些气体在油中不断积累，直至饱和甚至析出气泡。因此，油中故障气体的含量即其累积程度是诊断故障的存在与发展情况的一个依据。

（2）故障下产气的加速性（即产气速率）。正常情况下充油电气设备在热和电场的作用下也会老化分解出少量的可燃性气体，但产气速率很缓慢。当设备内部存在故障时，就会加快这些气体的产生速率。因此，故障气体的产生速率，是诊断故障的存在与发展程度的另一依据。

（3）故障下产气的特征性。变压器内部在不同故障下产生的气体有不同的特征。例如局部放电时总会有氢；较高温度的过热时总会有乙烯，而电弧放电时也总会有乙炔。因此，故障下产气的特征性是诊断故障性质的又一个依据。

（4）气体的溶解与扩散。只要故障不是发展的特别迅速，故障下的产气就会在油中溶解与扩散，从取样阀中取样就具有均匀性、一致性和代表性。

9. 答：充油设备中油中溶解气体的来源如下：

（1）空气的溶解。一般充油电气设备油中溶解气体的主要成分是 O_2、N_2（包括少量 Ar），空气在油中饱和含量在 101.3kP、25℃时约为 10%（V）。但其组成和空气不一样，空气中 N_2 占 79%，O_2 占 20%，其他气体约占 1%；油中溶解的空气则为 N_2 占 71%，O_2 占 28%，其他气体约占 1%。这是因为氧气比氮气在油中的溶解度大的缘故。油中总含气量和氧氮的比例与变压器的密封方式、油的脱气程度、注油时的真空度等因素有关。一般开放式变压器油中总含气量为 10% 左右；充氮保护的变压器油总含气量为 6%～9%；隔膜密封的变压器，如果变压器经过了真空脱气注油，且密封良好时，总气量将可低于 3%（体积）。但是在密封不严密时，一般总气量为油的 4%～6%，其中 O_2 含量为 20% 左右。运行中超高压变压器或电抗器密封良好的，油中总含气量不超过油体积的 3%。

（2）正常运行下产生的气体。变压器等电气设备在正常运行下，绝缘油和固体绝缘材料由于受到电场、热、温度、氧的作用，随运行的时间而发生速度缓慢的老化现象，除产生一些非气态的劣化产物外，还会产生少量的氢气、低分子烃类气体和碳的氧化物等。其中，CO、CO_2 成分最多，其次是氢和烃类气体。这些气体大部分溶解在油中。

（3）故障运行下产生的气体。当变压器等电气设备内部存在潜伏性故障时，就会加速上述气体的产生速度，随着故障的持续发展，分解出的气体形成气泡在油中经对流、扩散，不断溶解在油中，使油中故障气体不断积累含量很高，甚至达到饱和状态，并析出气体进入气体继电器中。

（4）其他原因引入的气体。绝缘油在精炼或油处理过程中产生的气体；设备在制造中干燥、浸渍产生的气体；金属材料吸藏的气体；新变压器在运输或注油时充入的气体；油箱或辅助设备上进行焊接油分解产生的气体等，有可能与油接触溶解在油中。

10. 答：根据大量绝缘油、绝缘纸热分解模拟试验和实测经验，将变压器油纸绝缘材料与热分解气体的关系总结如下。

（1）绝缘油在 140℃ 以下时有蒸发汽化和较缓慢速率的氧化。

（2）绝缘油在 140～500℃ 时油分解主要产生烷类气体（主要是甲烷、乙烷），随着温度的升高（500℃ 以上）油分解急剧地增加，其中烯烃和氢气的增加较快，乙烯尤为显著，而温度（约800℃）更高时，还会产生乙炔气体。

（3）绝缘油暴露于电弧（温度超过1000℃）之中时，分解气体大部分是氢气和乙炔，并有一定量的甲烷、乙烯。

（4）局部放电时，绝缘油分解的气体主要是氢气和少量甲烷。火花放电时，除此之外，还有较多的乙炔。

（5）绝缘纸在120～150℃长期加热时，产生 CO 和 CO_2，且后者是主要成分。

（6）绝缘纸在200～800℃下热分解时，除产生碳的氧化物之外，还含有氢烃类气体，CO/CO_2 比值越高，说明热点温度越高。

（7）钢铁等金属材料等催化作用，水与铁反应产生氢气。

11. 答：变压器的内部故障，可分为过热性故障和放电性故障两大类。过热按温度高低，可分为低温过热（$t<300℃$）、中温过热（$300℃<t<700℃$）与高温过热（$t>700℃$）3 种情况；放电又可分为局部放电（能量密度$<10^{-9}$ C）、低能放电（火花放电、能量密度$>10^{-6}$ C）和高能量放电（电弧放电，放电能量密度大，产气急剧）三种类型。

（1）热故障。油裂解产生的气体包括乙烯和甲烷，少量的氢和乙烷。若故障严重，或包括电的因素，也会产生痕量的乙炔。主要气体是乙烯，其数量可占总可燃气体的60%以上。

过热的固体纤维素绝缘会生成大量的一氧化碳和二氧化碳，若故障包括油浸结构，也会生成碳氢化合物，如乙烯、甲烷。主要气体是一氧化碳，其数量可占总可燃气体的90%以上。

（2）电故障。低能量放电产生氢、甲烷、乙炔和少量的乙烯。当涉及固体纤维素绝缘时，也可产生一氧化碳和二氧化碳，主要气体是氢气，其数量可占总可燃气体的 85％以上。

高能量的电弧放电产生大量的氢气和乙炔，以及相当数量的甲烷和乙烯，若故障涉及了固体纤维素绝缘，也可生成一氧化碳和二氧化碳，油有可能被碳化。主要气体是乙炔，其数量可占总可燃气体的 30％，同时有相当数量的氢气。

局部放电产生的气体主要是氢气，其次是甲烷，一般总烃不高。通常氢气占氢烃总量的 90％以上，甲烷与总烃之比大于90％。当放电能量密度增高时也可以出现乙炔，但乙炔在烃总量中所占的比例一般不超过 2％。

12. 答：（1）对于新投入运行或者重新注油的变压器，短期内气体增长迅速但未超过注意值，也可以判定内部有异常。

（2）对 330kV 及以上的电抗器，当出现痕量（小于 $1\mu L/L$）乙炔时也应引起注意；若气体分析虽已出现异常，但判断不至于危及铁芯和绕组安全时，可在超过注意值较大的情况下运行。

（3）影响电流互感器和电容式套管油中氢气含量的因素较多[见本题（7）、（8）]，有的氢气含量虽然低于注意值，但有增长趋势，也应引起注意；有的只是氢气含量超过注意值，若无明显增长趋势，也可判断为正常。

（4）变压器本体油中气体色谱分析超过注意值时，应进行跟踪分析，根据各特征气体和总烃含量的大小及增长趋势，结合产气速率、综合判断。必要时缩短跟踪周期。

（5）当变压器内产气速率大于溶解速率时，会有一部分气体进入气体继电器或储油柜中。当气体继电器内出现气体时，分析其中的气体，有助于对设备的状况做出判断。同样分析溶解于油中的气体，尽早发现变压器内部存在的潜伏性故障，并随时监视故障的发展状况。

(6) 根据油色谱含量情况，运用 DL/T 722—2014《变压器油中溶解气体分析和判断导则》，结合变压器历年的试验（如绕组直流电阻、空载特性试验、绝缘试验、局部放电测量和油微水测量等）结果，并结合变压器的结构、运行、检修等情况进行综合分析，可判断故障的性质及部位。根据具体情况对设备采取不同的处理措施，如缩短试验周期、加强监视、限制负荷、近期安排内部检查或立即停止运行等。

(7) 在某些情况下，有些气体可能不是设备故障造成的。如油中含有水，可以与铁作用生成氢；过热的铁芯层间油膜裂解也可生成氢；新的不锈钢中也可能在加工过程中或焊接时吸附氢而又慢慢释放至油中。特别是在温度较高、油中有溶解氧时，设备中某些油漆（醇醛树脂）在某些不锈钢的催化下，甚至可能产生大量的氢气；某些改型聚酰亚胺型的绝缘材料也可生成某些气体溶解于油中。油在阳光照射下也可以生成某些气体。设备检修时，暴露在空气中的油可吸收空气中的 CO_2 等。有些油初期会产生氢气（在允许范围左右），以后逐步下降。因此应根据不同的气体性质分别给予处理。

(8) 当油色谱数据超注意值时还应注意：排除有载调压变压器中切换开关油室的油向变压器本体油箱渗漏，或选择开关在某个位置动作时，悬浮电位放电的影响；设备曾经有过故障，而故障排除后绝缘油未经彻底脱气，部分残余气体仍留在油中；设备带油补焊；原注入的油中就含有某些气体等可能性。

13. 答：原因是分接开关油室和变压器本体油室之间发生渗漏。

处理方法：应停止有载分接开关的分接变换操作，对变压器本体绝缘油进行色谱跟踪分析，如溶解气体组分含量与产气率呈下降趋势，则判断为分接开关油室的绝缘油渗漏到变压器本体中。

将分接开关揭盖寻找渗漏点，如无渗漏油，则应吊出芯体，抽尽油室中绝缘油，在变压器本体油压下观察绝缘护筒内壁、分接引线螺栓及转轴密封等处是否有渗漏油。然后，更换密封件或进行密封处理，必要时对变压器进行吊罩检修。对有载分接开关放气孔或放油螺栓紧固，或更换密封圈（对变压器进行吊罩检修）。

14. 答：当怀疑有内部缺陷（如听到异常声响）、气体继电器有信号、经历了过负荷运行以及发生了出口或近区短路故障时，应进行额外的取样分析。

15. 答：产生的气体主要由乙炔（C_2H_2）、乙烯（C_2H_4）、氢气（H_2）组成，还有少量甲烷和丙烯。切换开关油箱中的油被这些气体充分饱和。切换开关油箱中的油分解产生这些气体充分饱和时，主要成分的浓度为：乙炔的浓度超过 $100000\mu L/L$、乙烯达到 $30000 \sim 40000\mu L/L$、氢气达到 $20000 \sim 30000\mu L/L$ 是常见的。

16. 答：正常情况下，轻瓦斯报警是当其内部有气体压力（超过整定值时）气体继电器报警，报警的原因有 3 种：

（1）当设备内部发生突发性故障（如电弧放电）时，由于巨大的能量使附近大量的油裂解，产生大量的气体，来不及溶解与扩散，涌入气体继电器而报警。

（2）气体继电器内有自由气体（非故障特征组分），主要是 N_2、O_2、H_2、少量烃类以及 CO、CO_2 气体，其原因是油中含气量达到饱和状态，因油温或压力的改变而释放进入气体继电器，或因某处漏气及形成负压（由油流流动时所产生）使其存在一定压力差。

（3）属于误报，是由于继电器原因或振动引起，继电器内没有气体。无论是什么原因造成的轻瓦斯报警，都应及时查明原因。

当轻瓦斯继电器报警时，应查看气体继电器内有无气体，若没有气体，很可能是误动，若有气体，应同时取气体继电器内气体及本体油进行色谱分析，若气体成分主要是 N_2、O_2、极少量氢和烃类气体（包括少量 CO 和 CO_2），且油中各组分浓度正常，则可能是油中含气量达到饱和后的释放以及有漏气的地方，若气体继电器气体中含有一定浓度（高于油中溶解气体注意值）且油中浓度也比较高（或超过注意值）的特征组分，应执行平衡判据，计算出其换算到油中的理论值，若理论值与油中实测值近似相等。有两种可能：一是接近于 1，若故障气体各组分体积分数均很低，说明设备是正常的；二是略大于 1，则表明设备存在缓慢发展的故障。若比值大于 3 或更高，则表明设备存在发展较快的故障，应加强跟踪分析，观察特征气体产气速率，若产气速率也超过注意值（并大于 2 倍的话），说明故障产气迅速，应尽快停电处理，产气速率达到注意值，按其故障类型制定适当的跟踪分析周期。

17. 答：变压器轻瓦斯继电器动作发信号时，应立即对变压器进行检查，查明动作原因，进行相应的处理，具体内容如下：

（1）检查变压器油位、绕组温度、声音是否正常，是否因变压器漏油引起。

（2）检查气体继电器内有无气体，若有，用取气装置抽取部分气体，检查气体颜色、气味、可燃性，以判断是变压器内部故障还是油中溶解空气析出，并同时取油样和气样做气相色谱试验，以进一步判断故障性质；若无气体，则应检查二次回路。

（3）检查储油柜、压力释放装置有无喷油、冒油，盘根和塞垫有无凸出变形。

18. 答：（1）在加油、滤油和吊芯等工作中，将空气带入变压器内部不能及时排出，当变压器运行后，油温逐渐上升，内部储存的空气被逐渐排出使轻瓦斯动作。一般气体继电器的动作次数与内部储存的气体多少有关。

（2）变压器内部确有故障。

（3）直流系统有两点接地而误发信号。

针对上述原因，应采取的分析处理方法如下。

（1）首先检查变压器的声响、温度等情况并进行分析，如无异常现象，则将气体继电器内部气体放出，记录出现轻瓦斯信号的时间，根据出现轻瓦斯时间间隔的长短，可以判断变压器出现轻瓦斯的原因。如果一次比一次长，说明是内部存有气体，否则说明内部存在故障。

（2）如有异常现象，应取气体继电器内部的气体进行点燃试验，以判断变压器内部是否确有故障。

（3）如果油面正常，气体继电器内没有气体，则可能是直流系统接地而引起的误动作。

19. 答：（1）变压器跳闸后，立即停油泵，并将情况向调度及有关部门汇报，然后根据调度指令进行有关操作。

（2）若只是重瓦斯继电器保护动作时应重点考虑是否呼吸不畅或排气未尽、保护及直流等二次回路是否正常、变压器外观有无明显反映故障性质的异常现象、气体继电器中积聚气体是否可燃，并根据气体继电器中气体和油中溶解气体的色谱分析结果、必要的电气试验结果和变压器其他保护装置动作情况综合判断。

（3）跳闸后外部检查无任何故障迹象和异常，气体继电器内无气体且动作掉牌信号能复归。检查其他线路上若无保护动作信号掉牌可能属振动过大原因误动跳闸，可以投入运行；若有保护动作信号掉牌，属外部有穿越性短路引起的误动跳闸，故障线路隔离后，可以投入运行。经确认是二次触点受潮等引起的误动，故障消除后向上级主管部门汇报，可以试送。

（4）跳闸前轻瓦斯继电器报警时，变压器声音、油温、油位、油色无异常，变压器重瓦斯动作跳闸其他保护未动作，外部检查无任何异常，但气体继电器内有气体。拉开变压器各侧隔离开关，由专业人员取样进行化验分析，如气体纯净无杂质、无色（或很淡不易鉴别），只要气体无味、不可燃，就可能是进入空气太多、析出太快，此时查明进气的部位并处理，然后放出气体测量变压器绝缘无问题后，由检修人员处理密封不良问题。最后根据调度和主管生产领导命令试送一次，并严密监视运行情况；若不成功应做内部检查。

（5）色谱分析有疑问时应测量变压器绝缘及绕组直流电阻，必要时根据安全工作规程做好现场的安全措施，吊罩检查。在未查明原因或消除故障之前不得将变压器投入运行。

（6）现场有明火等特殊情况时，应进行紧急处理。

（7）按要求编写现场事故处理报告。

20. 答：有载分接开关重瓦斯继电器保护动作时，在未查明原因或消除故障之前不得将变压器投入运行。此时，运维人员应进行下列检查：

（1）检查变压器各侧断路器是否跳闸，察看其他运行变压器及各线路的负载情况。

（2）检查各保护装置动作信号、直流系统及有关二次回路、故障录波器动作等情况。

（3）储油柜、压力释放和吸湿器是否破裂，压力释放装置是否动作。

（4）检查变压器有无着火、爆炸、喷油、漏油等情况。

（5）检查有载分接开关及本体气体继电器内有无气体积聚，或收集的气体是空气还是故障气体。

（6）检查变压器本体及有载分接开关油位情况。

（7）检查有载分接开关气体继电器接线盒内有无进水受潮或异物造成端子短路。

分接开关重瓦斯继电器保护动作后的处理包括：立即将情况向调度及有关部门汇报，并根据调度指令进行有关操作，同时根据 Q/GDW 1799.1—2013《国家电网公司电力安全工作规程　变电部分》做好现场的安全措施；现场有明火等特殊情况时，应进行紧急处理。

21. 答：（1）若经色谱分析判定变压器内部存在放电性缺陷，首先应判断是否涉及固体绝缘〔当涉及固体绝缘局部劣化故障时产生的 CO 比 CO_2 更加明显，且有突变性，CO_2/CO 比值会降低，有时 CO_2/CO 比值小于 3（开放式变压器），而密封设备由于没有气体逸散损失，CO_2/CO 比值小于 2 才可能表征设备内部故障涉及固体绝缘局部热裂解〕，有条件时可进行局部放电的超声波定位检测，初步判断放电部位。如果放电涉及固体绝缘，变压器应及早停运，进行其他检测和处理。

（2）若在判断变压器存在放电性缺陷的同时，发现变压器存在受潮或进空气等缺陷，在判明未损伤变压器绝缘的前提下，应首先对变压器进行干燥和脱气处理。

（3）不涉及固体绝缘的放电，可能来自悬浮放电、接触不良和磁屏蔽的放电等，应区别放电程度和发展速度，决定停电处理的时机。

（4）若经色谱分析判断变压器故障类型为电弧放电兼过热，一般故障表现为绕组匝间短路、绕组层间短路、相间闪络、分接头引线间油隙间络、引线对箱壳放电、绕组烧断、分接开关飞弧、因环路电流引起电弧、引线对接地体放电等。对于这类放电，一般应立即安排变压器停运，进行其他检测和处理。

22. 答：（1）对于高温过热故障，一旦查明且故障继续发展，在特征组分含量又严重超标的情况下，也应当立即停电处理。若故障发生在电路而又无法停电，应降负荷运行，加强跟踪分析；若故障发生在磁路，短期又不好处理（如铁芯内部环流），则应立即停电检查，防止铁芯严重烧损；若是铁芯多点接地，在接地电流不是非常大的情况下可采取措施，在接地引线中串入一大功率、阻值适当的电阻以限制接地电流，对于死接地点，大电流冲击又不能排除其故障的情况下，可临时断开正常的接地线，让该接地点代为接地，阻断外部环流通道，但这只是临时应急措施，且存在一定风险，等时机合适时还要停电处理。

（2）对于中、低温过热故障，可进行跟踪分析，跟踪周期刚开始时，根据情况定为2周一次，若故障发展缓慢要变为1～3个月一次，如果涉及固体绝缘加速老化或劣化，表现为 CO、CO_2 浓度很高，增长迅速，产气速率超标3倍以上（CO_2/CO 比值大于10），油中糠醛含量也超标2倍以上，即使总烃含量增长缓慢，也应尽早停电处理，防止绝缘劣化到一定程度时演变成绕组匝、层间短路引发电弧放电故障。

23. 答：（1）色谱分析故障编码为021，说明该变压器有300～700℃的中温过热故障；造成此故障的根本原因主要有3点，即变压器导电回路问题、磁路问题和油泵问题。

（2）根据试验情况分析：①可以排除导电回路直流电阻的问题；②铁芯绝缘电阻正常说明铁芯无多点接地，但空载试验说明磁路确有故障，因此可以基本排除油泵问题，分析铁芯有局部短路现象。

（3）由于 ab 与 bc 相的磁路完全对称，因此所得到的励磁电流应基本一致，其偏差一般不应相差3%；由于 ac 的磁路要比 ab

和 bc 的磁路长，故 ac 相的励磁电流应比 ab 和 bc 相大，对 220kV 的变压器一般在 40%～50%。从空载试验的结果看，说明 bc 磁路上有局部短路现象。

注：后来吊芯检查发现 bc 相上铁轭有一块铁片将其短路，铁芯片与铁片之间有明显的放电痕迹和游离碳产生。

24. 答：（1）根据 CO、CO_2 增长不大及 022 编码（700℃以上的高温）可判断为裸金属过热，可能出现故障范围为铁芯多点接地，M 型有载分接开关选择器的部分接触不良，10kV 导杆式套管与 10kV 引出线软连接接触不良及漏磁等。

（2）在运行中测量铁芯外引接地线中的环流，若环流超标则铁芯多点接地；停电后测铁芯绝缘电阻，若铁芯绝缘电阻很小或为 0，则铁芯多点接地。测高压侧运行挡的直流电阻，若直流电阻超标则分接选择部分接触不良；测低压侧直流电阻，若直流电阻超标则为 10kV 引出线软连接与套管导杆接触不良。若上述情况都正常，则可能是铁芯片间短路及漏磁引起过热等情况，这需要吊芯检查。

25. 答：若有载变压器中切换开关室的油和变压器本体油之间渗漏，开关室中的油受开关切换动作时的电弧放电作用，分解产生大量的 C_2H_2（可达总烃的 60% 以上）和 H_2（可达氢烃总量的 50% 以上），通过渗油有可能使本体油被污染而含有较高的 C_2H_2 和 H_2，本体油中气体组分三比值多为 202 或 212 特征。一般来说，当 $C_2H_2/H_2>2$ 时，应鉴别本体油中气体是否来自开关室的渗漏。其方法是，首先可以利用本体油和开关室的油中溶解气体浓度比较来确定，因为二者的气体浓度和 C_2H_2/H_2 的比值依赖于有载调压的次数，并且与本体油受污染的方式是油或气体也密切相关，若还无法明确判断，则可先向该开关室封入一特定气体（例如氮气），每隔一定时间分析本体油，如果本体油中也出现了这种特定气体，并随时间而增长，则证明存在渗漏现象。

26. 答：一般情况下，气体溶于油中并不妨碍变压器正常运行。但是，如果溶解气体在油中达到饱和，就会有某些游离气体以气泡形态释放出来。这是危险的，特别是在超高压设备中，可能在气泡中发生局部放电，甚至导致绝缘闪络。因此，即使对故障较轻而正在产气的变压器，为了监测油中不发生气体饱和释放，应根据油中气体分析结果，估算油中气体饱和达到饱和释放所需时间，以便预测气体继电器可能动作的时间。

27. 答：（1）色谱样品保存不能超过 4 天。

（2）油样和气样保存必须避光、防尘。

（3）运输过程中应尽量避免剧烈振动。

（4）空运时要避免气压变化。

（5）保证注射器芯干净无卡涩、破损。

28. 答：（1）根据各组分含量注意值或产气速率注意值，判断可能存在故障时才能进一步使用。

（2）具体情况具体分析，不能死搬硬套。

（3）应注意设备结构与运行情况。

（4）特征气体的比值应在故障运行下不断监视。

29. 答：（1）国际电工委员会（IEC）三比值法。

（2）瓦斯分析与判别法。

（3）平衡判据法。

（4）回归分析法。

五、计算题

1. 解：$\gamma_r = \dfrac{C_{i,2} - C_{i,1}}{C_{i,1}} \times \dfrac{1}{\Delta t} \times 100\%$

$= \dfrac{5.5 - 4.0}{4.0} \times \dfrac{1}{3} \times 100\% = 12.5$（%/月）

答：此变压器乙烯含量的相对产气速率是12.5%/月。

2. 解：$t = 20℃$、$V'_L = 40\text{mL}$

代入下式

$$V_L = V'_L \times [1 + 0.0008 \times (50 - t)]$$
$$= 40 \times [1 + 0.0008 \times (50 - 20)]$$
$$= 40.96\text{(mL)}$$

答：平衡状态下油样的体积是40.96mL。

3. 解： $\dfrac{C_2H_2}{C_2H_4} = \dfrac{7}{6514} = 0.001 < 0.1$

$\dfrac{CH_4}{H_2} = \dfrac{6632}{1430} = 4.64 > 3$

$\dfrac{C_2H_4}{C_2H_6} = \dfrac{6514}{779} = 8.36 > 3$

故三比值编码为022。

答：三比值判断此故障属于高与700℃的高温过热性故障。

4. 解：$V_g = V'_g \times \dfrac{P}{101.3} \times \dfrac{323}{273 + t}$

$= 5.0 \times \dfrac{101.1}{101.3} \times \dfrac{323}{273 + 25} = 5.4$（mL）

答：标准大气压力下的平衡气体体积为5.4mL。

5. 解：$\gamma_a = \dfrac{C_{i,2} - C_{i,1}}{\Delta t} \cdot \dfrac{m}{\rho}$

$\qquad = \dfrac{13932 - 138}{4 \times 30} \times \dfrac{40}{0.895} = 5137$（mL/d）

答：（1）变压器的绝对产气速率 5137ml/d。

（2）产气速率及气体组分含量以大大超过标准注意值，表明可能存在严重故障。

6. 解：油中溶解气体达到饱和所需要的时间估算：

$$t = \dfrac{0.2 - \sum \dfrac{C_{i2}}{K_i} \times 10^{-6}}{\sum \dfrac{C_{i2} - C_{i1}}{K_i \Delta t} \times 10^{-6}}（月）$$

对故障设备而言，O_2 往往被消耗，其分压接近 0 值，即 O_2 在油中的溶解度为 0。代入 7 月 27 日和 7 月 31 日的数据，$\Delta t = 4/30$（月），K_i 可查表 2-7（GB/T 17623—1998《绝缘油中溶解气体组分含量的气相色谱测定法》），则

$t =$

$$\dfrac{0.2 - \sum \left(\dfrac{17.76}{0.39} + \dfrac{32.92}{1.46} + \dfrac{3.52}{2.30} + \dfrac{2.12}{1.02} + \dfrac{21.95}{0.06} + \dfrac{29.68}{0.12} + \dfrac{278.06}{0.92} \right) \times 10^{-6}}{\sum \left(\dfrac{17.76 - 1.02}{0.39} + \dfrac{32.92 - 0.15}{1.46} + \dfrac{3.24}{2.30} + \dfrac{2.12}{1.02} + \dfrac{17.29}{0.06} + \dfrac{9.22}{0.12} + \dfrac{2.08}{0.92} \right) \times \dfrac{10^{-6}}{4/30}}$$

$= 60.84$（月）

如果 t 值比较小，此时若不能检修，则必须立即对油进行脱气处理。

第三章　特高频法超声波法局部放电检测

一、单选题

1. D　2. C　3. A　4. A　5. B　6. A　7. B　8. D　9. C　10. B

11. C　12. D　13. B　14. D　15. B　16. A　17. D　18. A　19. B

20. D　21. C　22. D　23. A　24. B　25. C　26. D　27. D　28. D

29. B　30. C　31. B　32. C　33. C　34. D　35. C　36. B　37. C

38. B　39. B　40. C　41. D　42. B　43. D　44. C　45. C　46. A

47. C　48. B　49. B　50. A　51. A　52. C　53. C　54. B　55. B

56. C　57. C　58. B　59. D　60. B　61. C　62. B　63. C　64. D

65. A　66. B　67. B　68. C　69. B　70. D　71. B　72. A　73. D

74. B　75. B　76. B　77. C　78. B　79. D　80. D　81. D　82. C

83. A　84. D　85. A　86. D　87. C　88. C　89. D　90. C　91. D

92. D　93. A　94. C　95. A　96. B　97. C　98. D　99. A　100. C

101. D　102. B　103. C　104. A　105. A　106. A　107. B

108. B　109. B　110. B　111. A　112. D　113. D　114. C　115. D

116. C　117. A　118. B　119. A　120. D　121. B　122. D

123. D　124. C　125. A　126. C　127. C　128. D　129. C　130. B

131. C　132. B　133. D　134. B　135. D　136. B　137. D　138. C

139. D　140. B　141. A　142. B　143. A　144. B　145. B　146. D

147. A　148. B　149. B　150. C　151. D　152. C　153. C　154. D

二、多选题

1. ABD　2. BCD　3. CD　4. BC　5. ABC　6. BCD　7. ACD

8. ABC　9. ABC　10. BC　11. ABC　12. AC　13. ABC　14. BCD

15. ABCD　16. ABCD　17. ABCD　18. ABC　19. ABCD　20. BC

21. ABCD　22. BC　23. ABC　24. AD　25. ABD　26. ABD

27. ABCD　28. ABCD　29. ABC　30. ABCDF　31. BC

32. ABCD　33. ABC　34. BCE　35. ABE　36. ABCD　37. ABCD

38. BD 39. ABC 40. AC 41. BCD 42. AC 43. AD 44. ACD

45. ABD 46. BCD 47. ACD 48. AC 49. BCE 50. ABCD

51. BCD 52. ABC 53. BD 54. ACD 55. ABC 56. ABC

57. AC 58. ABCD 59. CD 60. ACD 61. AB 62. ABCD

63. AC 64. ABCD 65. BD 66. ACD 67. BD 68. CD

69. ABC 70. AB 71. ABCD 72. AC 73. ABC 74. BCD

75. ABC 76. ABD 77. ABD 78. BCD 79. BC 80. AD

81. BD 82. ABC 83. AD 84. ACD 85. ABCD 86. ABC

87. BCD 88. BC 89. ABC 90. ABC 91. ABC 92. ACD

93. ABCD 94. ABCD 95. BC 96. BCD 97. AB 98. ABC

99. AB 100. ABD 101. ABCDE 102. ABC 103. AC

104. ABD 105. AB 106. ACD 107. ABCD 108. BD

109. ACD 110. ABCD 111. BCD 112. BD 113. ABD

114. ABCD 115. BD 116. CD 117. ABC 118. ABCD

119. ACD 120. ACD 121. AD 122. ACD 123. AC

124. ABCD 125. ABC 126. AB 127. ABC 128. AC

129. ABDF 130. ABCD 131. AD 132. BCD 133. ABD

134. BCD 135. BE 136. ABCD 137. BCD 138. ABC

139. AD 140. ACD 141. ACD 142. ABCD 143. ABCD

144. ABC 145. BD 146. BD 147. ABCD 148. ABCD

149. AB 150. ABCD 151. BCD 152. BCD 153. ABC 154. CD

155. ACD 156. ABCD 157. ABCD 158. ABC 159. ACD

160. ACD 161. ABCD 162. ACD 163. ABC 164. AC

165. ABCD 166. BCD 167. ABCD 168. ABC 169. ABCD

170. ABC　171. ABD　172. BC　173. BD　174. BD　175. ABD

176. BE　177. BCD　178. BCD　179. ABCD　180. ABC

181. ABCD　182. AB　183. ACDE　184. BD　185. ABCD

186. ACD　187. ACD　188. AC　189. ABD　190. ABCD

191. AC　192. AB　193. ABCDE　194. ABD　195. ABD

196. BC　197. ABC　198. ACD　199. AC　200. ABC

201. ABCD　202. BCD　203. ABCD　204. ABCD　205. ABC

206. ABC　207. CDE　208. ABCDE　209. ABCDE　210. ABC

211. ABC　212. ACD　213. ABDEF　214. ACD

三、判断题

1. √　2. √　3. ×　4. √　5. ×　6. √　7. ×　8. √　9. √

10. ×　11. √　12. ×　13. ×　14. √　15. ×　16. ×　17. √

18. ×　19. √　20. √　21. √　22. ×

错误答案改正：

3. 特高频局部放电检测技术可用于 GIS 局部放电的检测。

5. 特高频与超声波局部放电检测法不能像脉冲电流法一样对试品局部放电进行量化描述。

7. 高频局部放电检测法不可进行局部放电源精确定位。

10. 一般情况下，GIS 的电源频率为 50Hz 或 60Hz，此时测试仪要使用外同步方式。

12. 特高频局部放电检测是 GIS 局部放电检测极为有效的技术手段，可以检测出 GIS 中大部分类型的缺陷。

13. 脉冲电流法测量得到的视在放电量不是真实放电量。

15. 特高频局部放电检测技术不可用于任意类型 GIS 局部放

电的检测。

16．特高频法局部放电检测可用于高压电缆的带电检测。

18．特高频局部放电检测技术不可用于电缆本体的带电检测。

22．特高频与超声波局部放电检测技术可以联合应用于变压器带电检测。

四、问答题

1．答：（1）分机主机，用于局部放电信号的采集、分析处理、诊断与显示。

（2）特高频传感器，用于耦合特高频局部放电信号。

（3）信号放大器，当测得的信号较微弱时，为便于观察和判断，需接入信号放大器。

（4）特高频信号线，连接传感器和信号放大器或检测主机。

（5）工作电源，220V 工作电源，为检测仪器主机，信号放大器和笔记本电脑供电。

（6）接地线，用于仪器外壳的接地，保护检测人员及设备的安全。

（7）绑带，需要长时间监测时，用于将传感器固定在待测设备外部。

（8）网线，用于检测仪器主机和笔记本电脑通信。

（9）记录纸、笔，用于记录检测数据。

2．答：（1）设备连接，按照设备接线图连接测试仪各部件，将传感器固定在盆式绝缘子上，将检测仪主机及传感器正确接地，电脑、检测仪主机连接电源，开机。

（2）工况检查，开机后，运行检测软件，检查主机与电脑通信状况、同步状态、相位偏移等参数；进行系统自检，确认各检测通道工作正常。

（3）设置检测参数，设置变电站名称、检测位置并做好标注。根据现场噪声水平设定各通道信号检测阈值。

（4）信号检测，打开连接传感器的检测通道，观察检测到的信号。如果发现信号无异常，保存少量数据，退出并改变检测位置继续下一点检测；如果发现信号异常，则延长检测时间并记录多组数据，进入异常诊断流程。必要的情况下，可以接入信号放大器。

3. 答：（1）特高频局部放电检测仪适用于检测盆式绝缘子为非屏蔽状态的 GIS 设备，若 GIS 的盆式绝缘子为屏蔽状态则无法检测。

（2）检测中应将同轴电缆完全展开，避免同轴电缆外皮受到刮蹭损伤。

（3）传感器应与盆式绝缘子紧密接触，且应放置于两根禁锢盆式绝缘子螺栓的中间，以减少螺栓对内部电磁波的屏蔽及传感器与螺栓产生的外部静电干扰。

（4）在测量时应尽可能保证传感器与盆式绝缘子的接触，不要因为传感器移动引起的信号而干扰正确判断。

（5）在检测时应最大限度保持测试周围信号的干净，尽量减少人为制造出的干扰信号，例如手机信号、照相机闪光灯信号、照明灯信号等。

（6）在检测过程中，必须要保证外接电源的频率为 50Hz。

（7）对每个 GIS 间隔进行检测时，在无异常局部放电信号的情况下只需存储断路器仓盆式绝缘子的三维信号，其他盆式绝缘子必须检测但可不用存储数据。在检测到异常信号时，必须对该间隔每个绝缘盆子进行检测并存储相应的数据。

（8）在开始检测时，不需要加装放大器进行测量。若发现有微弱的异常信号时，可接入放大器将信号放大以方便判断。

4. 答：连续检测模式、相位检测模式、脉冲检测模式、时域波形检测模式、特征指数检测模式。

5. 答：连续检测模式、相位检测模式、脉冲检测模式、时域波形检测模式。

6. 答：特征指数检测模式。

7. 答：（1）涂抹耦合剂。为了保证传感器与壳体良好接触，避免在传感器和壳体表面之间产生气泡，首先要在传感器表面涂抹耦合剂。

（2）设置参数。将仪器设置为连续检测模式，设置仪器信号频率范围及放大倍数（常规检测时无须设置，可采用内置参数）。

（3）背景检测（即无缺陷时信号检测）。将传感器经耦合剂贴附在设备构架上，当信号保持稳定时按下"背景"（不同仪器具体按键存在一定差异）按钮。

（4）信号检测；将传感器经耦合剂贴附在设备外壳上，设置仪器为连续检测模式，观察信号有效值（RMS）、周期峰值、频率成分 1、频率成分 2 的大小，并与背景信号比较，看是否有明显变化。

（5）异常诊断。当连续模式检测到异常信号时，应开展局部放电诊断与分析，包括：①通过应用相位检测模式、时域波形检测模式及脉冲检测模式判断放电类型；②通过挪动传感器位置，寻找信号最大值，查明可能的放电位置。

（6）数据记录。通过仪器的谱图保存功能，保存检测谱图，包括连续模式谱图、相位模式谱图、时域波形谱图、脉冲模式谱图。

8. 答：（1）涂抹耦合剂。为了保证传感器与壳体良好接触，避免在传感器和壳体表面之间产生气泡，首先要在传感器表面涂抹耦合剂。

（2）设置参数。将仪器设置为连续检测模式，设置仪器信号频率范围及放大倍数（也可加载内部预置的配置文件）。

（3）特征指数检测。将传感器经耦合剂贴附在设备外壳上，进入"特征指数检测模式"，观察脉冲是否聚集在整数特征值位置。

（4）时域波形检测。当完成"特征指数检测"过程之后，可进入"时域波形检测模式"查看信号的时域波形是否具有明显的高脉冲信号，并判断脉冲信号是否存在重复性。最终综合各检测模式下的谱图特征，判断被测设备内部是否存在放电现象，以及潜在的缺陷类型。

（5）数据记录。通过仪器的谱图保存功能，保存检测谱图，包括特征指数谱图及时域波形谱图。

9. 答：（1）检测之前，应加强背景检测，背景测量位置应尽量选择被测设备附近金属构架。

（2）检测过程中，应避免敲打被测设备，防止外界振动信号对检测结果造成影响。

10. 答：（1）应使用合格的耦合剂，可采用工业凡士林等，耦合剂应保持洁净，不含固体杂质。

（2）应保证涂抹耦合剂的传感器可不需要外力即可固定在设备外壳上。

（3）在条件具备时，可使用耳机监听被测设备内部放电现象。

（4）两个检测点之间的距离不应大于1m。

11. 答：电力设备绝缘体中绝缘强度和击穿场强都很高，当局部放电在很小的范围内发生时，击穿过程很快，将产生很陡的脉冲电流，其上升时间小于1ns，并激发频率高达数GHz的电磁波。由于现场的电晕干扰主要集中在300MHz频段以下，因此特高频法能有效地避开现场的电晕等干扰，具有较高的灵敏度和抗干扰能力，可实现局部放电带电检测、定位及缺陷类型识别等优点。

12. 答：（1）当在空气中也能检测到异常信号时，首先要观察分析环境中可能的干扰源。能去除的应先去除干扰后在进行检测、分析。

（2）当传感器放置于盆式绝缘子后检测出异常信号，此时拿开传感器再查看在空气中检测到的图谱是否与置于盆式绝缘子上检测到的图谱是否一致。若一致并且信号更大，则基本可判断为外部干扰；若不一样或变小，则需进一步检测判断。

（3）当该间隔检测出异常信号时，可检测该间隔相邻间隔的信号是否也存在相近的异常信号，若没有异常信号存在，则该间隔的异常信号可能为内部信号。

（4）检测出异常信号时，查看人工智能分析软件给出的结论是否为放电。

（5）检测出异常信号时，查看检测出的三维图谱与典型放电图谱是否相似。

（6）当检测出异常信号时，必要时可使用工具把传感器绑置于盆式绝缘子处进行长时间检测。时间至少长于 15min，可通过分析峰值监测图谱、放电重复率图谱等局部放电图谱来进行判断。

13. 答：特高频法抗干扰能力强，对空气中电晕放电干扰很不敏感，但对架空线上的悬浮导体放电有反应。对 GIS 的各种放电性缺陷均具有高度的敏感性。不能发现弹垫松动、粉尘飞舞等非放电性缺陷。信号传播衰减小，检测范围大，通常可以达到十几米。UHF 信号强弱取决于脉冲陡度、宽度和幅度，而传统法的 pC 值仅取决于脉冲幅度，两者之间没有固定关系，仅存在粗略的对应特征。

超声波局部放电抗干扰能力好，对电气干扰不敏感，但易受机械或电磁振动的影响。对自由颗粒缺陷具有较高的检测灵敏度，但对固体绝缘表面及内部的缺陷敏感度较低。能发现弹垫松动、粉尘飞舞等非放电性缺陷。信号传播衰减大，检测范围小，适合缺陷定位。AE 信号强弱取决于脉冲幅度和传播途径，而传统法的 pC 值仅取决于脉冲幅度，两者之间没有固定关系，仅存在粗略的对应特征。

14. 答：对测量仪器系统的一般要求有以下 3 种：

（1）有足够的增益，这样才能将测量阻抗的信号放大到足够大。

（2）仪器噪声要小，这样才不至于使放电信号淹没在噪声中。

（3）仪器的通频带要可选择，可以根据不同测量对象选择带通。

常见干扰如下：

（1）高压测量回路干扰。

（2）电源侧侵入的干扰。

（3）高压带电部位接触不良引起的干扰。

（4）试区高压电场作用范围内金属物处于悬浮电位或接地不良的干扰。

（5）空间电磁波干扰，包括电台、高频设备的干扰等。

（6）地中零序电流从入地端进入局部放电测量仪器带来的干扰。

15. 答：当设备内部有局部放电时，必然伴有超声波信号发放，现场可以通过多个超声探头测得的放电超声信号与电测所得的放电信号的时间差，计算出放电点距离超声探头的距离，以该超声探头为球心相应的距离为半径作球面，至少3个球面可得一交点，即可求得放电点的几何位置。

16. 答：（1）当被测设备存在气室绝缘支撑松动或偏离、气室连接部位接插件偏离或螺栓松动等缺陷时，在高压电场作用下会产生悬浮电位放电信号。悬浮电位放电信号有如下特征：

1）连续检测模式中，有效值及周期峰值较背景值明显偏大；频率成分1、频率成分2特征明显，且频率成分1小于频率成分2。

2）相位检测模式中，具有明显的相位聚集相应，在一个工频周期内表现为两簇，即"双峰"。

3）时域波形检测模式中，有规则脉冲信号，一个工频周期内出现两簇，两簇大小相当。

4）特征指数检测模式中，有明显规律，峰值聚集在整数特征值处，且特征值 1 大于特征值 2。

（2）当被测设备存在金属尖刺时，在高压电场作用下会产生电晕放电信号。电晕放电信号有如下特征：

1）连续检测模式中，有效值及周期峰值较背景值明显偏大；频率成分 1、频率成分 2 特征明显，且频率成分 1 大于频率成分 2。

2）相位检测模式中，具有明显的相位聚集相应，但在一个工频周期内表现为一簇，即"单峰"。

3）时域波形检测模式有规则脉冲信号，一个工频周期内出现一簇（或一簇幅值明显较大，一簇明显较小）。

4）特征指数检测模式有明显规律，峰值聚集在整数特征值处，且特征值 2 大于特征值 1。

17. 答：GIS 在加工装配、运输及现场安装的过程中，将不可避免地存在缺陷，这些缺陷主要有高压电极表面的突出，自由金属颗粒，绝缘子表面微粒及其绝缘内部的气泡等缺陷，这些缺陷在电场的作用累积下，产生局部放电，其主要原因如下：

（1）GIS 内部残存自由导电颗粒。

（2）GIS 内部导体表面存在金属突起（中心导体及壳体上的毛刺、尖角），这类缺陷在正常的运行电压下一般不会引起绝缘击穿，但是在冲击电压下将可能发生击穿。

（3）GIS 内部导体间接触不良。

（4）GIS 中固体绝缘内部缺陷。

（5）绝缘件内残留有气泡、裂纹等缺陷。

18. 答：目前电力设备局部放电的检测方法有：

（1）脉冲电流法（可用视在放电量量化描述）。

（2）特高频法。

（3）超声波法。

（4）高频电流法（罗戈夫斯基 Rogowski 线圈法）。

（5）无线电干扰法。

（6）SF_6 气体组解体组分法。

（7）光检测法。

（8）化学分析法等。

其中声-电联合、声-光联合等综合检测技术将成为局部放电监测的主要发展方向。

19. 答：对于 GIS 设备，局部放电检测对于缺陷的发现意义重大。目前，GIS 局部放电检测主要有化学检测法、超声波检测法、特高频法和脉冲电流法 4 种。

这些方法各有优缺点，具体如下：

（1）化学检测法。局部放电会使 SF_6 气体分解出 SOF_2、SO_2 等中间分解物，通过分析 SF_6 气体成分，可判断 GIS 内部放电状况的严重程度。缺点是不同类别局部放电敏感性不同、吸附剂和干燥剂可能会影响测量、无法定量测量。

（2）超声波检测法。采用声发射传感器，一般测取频率在 $20\sim100kHz$ 的信号，优点是较灵敏（可以测到最小相当于 20pC 的放电）、抗电磁干扰、安装简单、定位准确并可识别缺陷的类型。声学方法是非入侵式的，可对在不停电的情况下进行检测。另外由于声波的衰减，使得超声波检测的有效距离很短，这样超声波仪器可以直接对局部放电源进行定位（小于 10cm）且不容易受 GIS 外部噪声源影响。

超声波法的优点是灵敏度高，抗电磁能力强，可以直接定位，适应于现场测试，缺点是结构复杂，需要有经验的人员进行操作。对于在线监测系统，如果需要对故障精确定位时，所需要的传感器过多。另外不易定量检测。同时对有些缺陷不够灵敏。

（3）特高频法。特高频法是近几年出现的一种检测方法，其检测灵敏度高，抗干扰能力强，可以对单一的局部放电缺陷定位；可以进行带电检测。是目前比较好的一种检测方法。缺点是不易定量检测，对多元局部放电定位困难。

（4）脉冲电流法。脉冲电流法是局部放电检测的经典方法。最大的优点就是可定量检测。缺点在于易受到现场复杂电磁环境的干扰；试验设备的容量较大要求较高；不能对放电进行定位。但对于 GIS，由于其结构原因，检测比较困难。因此目前此方法常用于试验室或者产品出厂时进行试验。

20. 答：目前，就国内外 GIS 局部放电几种检测方法的各主要优劣，及其测量精度、PD（局部放电信号）源定位能力、现场实际应用等方面进行比较，如表 2 所示。

表 2　　　　　　　GIS 中局部放电几种检测方法的比较

检测方法	脉冲电流法	超声波法	化学检测法	特高频法	光学法
优点	简单、灵敏度较高	灵敏度高，抗电磁干扰能力强	不受电磁干扰	灵敏度高，可用于运行中的设备	不受电磁的干扰

续表

检测方法	脉冲电流法	超声波法	化学检测法	特高频法	光学法
缺点	运行中的设备无法检测	结构复杂、要求操作人员检测经验丰富	不适合带电普测	设备价格高	灵敏度差，需较多的传感器
适用检测的绝缘缺陷	固定微粒、悬浮电位体、气隙裂纹	自由导电颗粒、悬浮电位体	放电现象剧烈时的缺陷	适用于各种缺陷类型	固定微粒、毛刺
PD源能否定位	否	定位需要较多的传感器才可定位	可精确到具体某个放电气室	可精确到±10cm	能够粗略定位
能否判断故障类型	可以	可以	不能	可以	不能
目前应用	早期较多	广泛	广泛	广泛	暂未应用

21. 答：超声波法是一种运用在地电位测量的方法，可在运行的 GIS 中或 GIS 现场交接耐压试验时进行。需要人员手持传感器或在 GIS 金属外壳表面进行测量。大约每相距 30cm 测量一个数值。特高频法检测 300MHz～1.5GHz 的特高频电磁波，由于电磁波很容易从盆式绝缘子辐射出来，而无法穿透金属外壳。所以超高频传感器尺可利用绑带直接固定在盆式绝缘子的金属屏蔽环的浇注口位置进行测量，直接利用内置传感器效果更好。

22. 答：盆式绝缘子的缺陷内部容易产生剧烈的局部放电，不及时处理，会造成 GIS 设备的爆炸。其缺陷如下：

（1）盆式绝缘子表面缺陷，包括脏污、微粒、表面粗糙、水分。

（2）盆式绝缘子内部气泡。

（3）盆式绝缘子开裂。

23. 答：微粒不浮起或运动，对 GIS 绝缘的影响很小。电场作用下微粒浮起或运动，逐渐趋向于电场较强的部位，如附着于盆式绝缘子表面而引发闪络，长期发展会导致设备爆炸。微粒的浮起和运动决定于电场、微粒大小与质量、带电量以及微粒与外壳内表面的黏滞力等。交流下微粒运动概率降低，具有潜伏性，导致 GIS 设备绝缘事故具有偶然性和时延性。

24. 答：无法发现自由导电微粒缺陷和电场集中的固定缺陷，如毛刺等。自由导电微粒在交流电压下不易起跳和运动，不易出现局部放电。由于 GIS 工作气压一般大于 0.35MPa，高于此气压后局部放电电压与击穿电压很接近，电场集中的固定缺陷会直接击穿放电。所以用脉冲电流法进行局部放电测试有很大的局限性。

25. 答：通常根据 UHF 传感器的安装布置方式不同，一般可分为内置式、外置式和介质窗式 3 种，内置式和外置式的布置模式如图 1 所示。

图 1　UHF 传感器的安装模式

(a) 内置式；(b) 外置式

（1）内置式传感器一般在 GIS 设备制造生产时就在其内部安装，与 GIS 设计成为一体化，同时在设备出厂时，和 GIS 一起完成出厂试验。

（2）外置式传感器适宜安装在已运行的 GIS 设备上，一般安装于未包裹金属带的 GIS 盆式绝缘子外沿，若 GIS 的盆式绝缘子外沿包裹金属带，则须安装于金属带开口处。其中，天线接受面面向盆式绝缘子。

（3）如果 GIS 设备设计了介质窗式的传感器，那么 UHF 传感器则安装于介质窗外侧（空气侧），天线侧紧贴介质窗。UHF 传感器一般采用铁磁金属材料外罩屏蔽和防护。介质窗式现场采用的不太普遍。

注意，无论是内置式、外置式以及介质窗式 UHF 传感器，传感器的布置应保证 GIS 内部任何位置发生的局部放电均能够被有效监测。一般地，传感器应尽量安置在母线筒与 GIS 设备元件（或设备间隔）交叉处附近，对于 GIS 的长直母线段，此时传感器的布置应相间 5～10m 为宜。

第四章　暂态地电压局部放电检测

一、单选题

1. C　2. A　3. B　4. A　5. A　6. C　7. A　8. A　9. A
10. B　11. D　12. A　13. D　14. D　15. D　16. C　17. D　18. C
19. B　20. C　21. B　22. C　23. B　24. C　25. C　26. B　27. D
28. B　29. B　30. C

二、多选题

1. ABCD   2. ABCD   3. ABCD   4. ABC   5. ABCD   6. ABD
7. ABCD   8. ACD   9. ABCD   10. ABCD   11. ABCD   12. BCD
13. ACD   14. AB   15. ABCD   16. ACD   17. ABCD   18. ABCD
19. ABCD   20. ABCD

三、判断题

1. √   2. ×   3. ×   4. √   5. ×   6. ×   7. √   8. ×   9. ×
10. ×   11. √   12. ×   13. √

错误答案改正：

2. 运行中的开关柜内部电气元件发生局部放电产生的电磁波信号不可以直接穿透开关柜的金属壁而被检测到。

3. 在进行户内开关柜局部放电检测的时候，需要考虑变电站的辅助设备带来的干扰，需考虑户外的天气及雷雨干扰。

5. 检测仪器在进行开关柜暂态地电压检测时，常以 dB 为单位表示检测结果，此时，dB 表示的实际单位为 dBmV。

6. 超声波在介质内的传播速度不仅与超声波本身的特性有关，还与材料的特性有关。

8. 在高压开关柜局部放电严重程度的暂态地电压和超声波带电检测中经常采用 dB 作为测量单位。

9. 开关柜暂态地电压的现场检测工至少两人进行。

10. 超声波检测设备采用的超声波传感器属于压电式。

12. 开关柜暂态地电压的现场检测时发现局部放电现象，不可以直接操作开关柜，打开开关柜进行检查。

四、问答题

1. 答：通常设备的绝缘劣化、缺陷是破坏性的，随着缺陷的发展积累，会引起高压电气设备的损坏，同时，绝缘系统故障很难在例行维护中被发现。那么运行中的高压开关柜局部放电检测就显得尤为重要，其意义如下：

（1）运行中确定局部放电现象是否存在。

（2）避免供电量的损失。

（3）对设备的状态进行适时评估。

（4）实现状态检修，达到设备运行安全可靠、检修成本合理的目的。

（5）提高系统供电可靠性。

2. 答：从 2013 年 3 月测试数据可以看出，351S 开关柜后上部存在较大幅值的超声波信号。同时 351S 开关柜后上部暂态地电压与金属的相对差值为 2dB，在合格范围内。2013 年 5 月 10 日，检测人员对该变电站 351S 开关柜后上部进行了复测，可以看出，超声波异常信号仍然存在，且有增大趋势。通过超声波检测仪可以有效地检测出缺陷，而通过暂态地电压无法发现缺陷，提示缺陷可能为单纯的机械振动等类型。停电后解体发现为螺栓松动，产生较大的机械振动，但是相应的悬浮放电较为微弱。缺陷消除后，再次测试，一切正常。

3. 答：超声波检测过程中，应将超声波传感器沿着开关柜上的缝隙扫描进行检测，传感器与开关设备间一定要有空气通道，用来保证超声波信号可以传播出来。超声局部放电检测技术不仅能够对设备的放电进行定量测试，而且可对放电源进行初步定位，对于比较陡的脉冲比较敏感，对导体毛刺、悬浮放电和绝缘子的表面脏污、潮湿都比较敏感，但对电场作用下的颗粒运动不敏感。该方法操作简便，已经成为继红外热成像检测技术之后的又一项重要状态检测技术。

4. 答：(1) 绝缘件表面污秽、受潮和凝露。

(2) 高压母线连接处及断路器触头接触不良。

(3) 导体、柜体内表面上有金属突起，导致毛刺且较尖。

(4) 柜体内有可以移动的金属微粒。

(5) 开关元件内部放电缺陷。

5. 答：(1) 检测过程中应确保传感器与开关柜金属面板紧密接触。

(2) 如果出现检测数值较大的情况，建议测量 3 次以上以确定测试结果。

(3) 避免信号线、电源线缠绕在一起，排除干扰，必要时关闭开关室内照明及通风设备。

(4) 空间窄小的地方需小心谨慎，因为临近其他的接地体会影响读数的精度。

6. 答：检测过程可按下面进行：

(1) TEV 背景噪声检测。在对开关柜进行地电波局部放电检测开始前，应先测试系统的背景噪声水平。金属背景值应该在金属门、金属栅等非开关柜设备的金属制品表面检测，在开关室不同的位置检测不同点的背景值，也可以在需要测试背景值的地方测试背景值，通常在 3 处以上金属位置检测平均值作为背景噪声值。空气背景噪声在柜子的附近测量，用于了解整个站的整体环境。

（2）检测位置选择。测试开关柜局部放电过程中应先在确定各电力设备所处的位置，主要检测母排（连接处、穿墙套管，支撑绝缘件）、断路器，TA、TV、电缆接头等设备的局部放电情况，这些设备大部分位于开关柜前面板中部及下部，后面板上部、中部及下部。以被测设备结构为基础，靠近缝隙。

（3）TEV 检测。检测方法要正确，检测时传感器应与高压开关柜柜面紧贴并保持相对静止，待读数稳定后记录结果，如有异常再进行多次测量。

（4）数据记录。报告格式要求记录详尽，对于异常数据应及时记录保存，记录故障位置。

（5）填写设备检测数据记录表，进行检测结果分析。

7. 答：各放电模型检测技术的区别如表3所示。

表 3　　　　　　　　放电模型检测技术的区别

放电模型	暂态地电压检测技术	超声波检测技术
表面放电模型	不敏感	敏感、有效
尖端放电模型	敏感、有效	更敏感、有效
电晕放电模型	敏感、有效	敏感、有效
绝缘子内部缺陷模型	敏感、有效	不敏感

8. 答：在电气设备柜体表面同时放置两只暂态地电压传感器，则局部放电源发出的电磁波脉冲经过不同的路径先后传播到两只暂态地电压传感器的放置处，仪器通过比较或者测量电磁脉冲到达两只传感器放置处的时间先后或者大小，可以判断出局部放电源的空间位置。

9. 答：金属开关柜外表面产生的暂态地电压不仅与局部放电量有关，还会受到放电位置、传播途径及箱体内部结构和金属断口大小的影响。

10. 答：暂态地电压法本质上属于外部电容法局部放电检测技术的范畴。

暂态地电压传感器本质上是一个金属盘，前面覆盖有 PVC 塑料，并用同轴屏蔽电缆引出。测量时，暂态地电压传感器抵触在开关柜金属柜体上面，裸露的金属柜体可看作平板电容器的一个极板，而暂态地电压传感器则可看作平板电容器的另一个极板，中间的填充物则为 PVC 塑料。对于由金属柜体、PVC 材料和暂态地电压传感器构成的平板电容器来说，金属柜体表面出现的任何电荷变化均会在暂态地电压传感器的金属盘上感应出同样数量的电荷变化，并形成一定的高频感应电流。该高频电流经引出线输入到检测设备内部并经检测阻抗转换为与放电强度成正比的高频电压信号。经检测设备处理后，则可得到开关柜局部放电的放电强度、重复率等特征参数。

11. 答：当开关设备发生局部放电现象时，局部放电产生的电磁波信号会由金属柜体的内表面转移到外表面，且在金属柜体外表面产生暂态地电压。

测量时，暂态地电压传感器紧密接触在开关柜金属柜体上面，裸露的金属柜体可看作平板电容器的一个极板，而暂态地电压传感器则可看作平板电容器的另一个极板，对于由金属柜体、暂态地电压传感器构成的平板电容器来说，金属柜体表面出现的任何电荷变化均会在暂态地电压传感器的金属盘上感应出同样数量的电荷变化，并形成一定的感应电信号。该信号输入到检测设备内部并经检测阻抗转换为与放电强度成正比的高频电压信号。经检测设备处理后，则可得到开关框局部放电的放电强度、重复率等特征参数。由于其检测原理为电容耦合式，所以检测时，TEV 传感器一定要与柜体紧密接触，才能够有效的检测局部放电信号。

12. 答：局部放电发生前，放电点周围的电场力、绝缘介质的机械应力和粒子力处于相对平衡状态。局部放电发生时，电荷的快速释放或迁移使得放电点周围的电场力出现变化，导致电场力、机械力和粒子力失去平衡，引起放电点周围的粒子出现振荡性的机械运动，从而产生声音或振动信号，而声音强度或振动幅度也会直接反映出电荷释放的多少及局部放电量。

第五章　SF₆ 气体纯度、湿度和分解产物检测

一、单选题

1. A　2. C　3. C　4. B　5. A　6. B　7. D　8. C　9. B　10. D
11. C　12. C　13. D　14. B　15. A　16. A　17. B　18. D　19. A
20. B　21. B　22. D　23. A　24. A　25. B　26. C　27. B　28. C
29. B　30. C　31. C　32. D　33. D

二、多选题

1. BC　2. ABC　3. ABCD　4. ACD　5. ACD　6. ABC
7. ACD　8. BD　9. ABCD　10. ABC　11. ABCD　12. ABCD
13. ACD　14. ABCD　15. ABD　16. AB　17. AC　18. AB
19. ABCD　20. AB　21. ACD　22. ABCD　23. BD　24. ABCD

25. BD　26. AC　27. ACDE　28. ABD　29. ACD　30. BD

31. ABD　32. BCD　33. ABC　34. ABD　35. ABC　36. AD

37. ABD　38. ABD

三、判断题

1. √　2. ×　3. ×　4. √　5. ×　6. ×　7. √　8. √　9. ×

10. ×　11. √　12. ×　13. ×　14. ×　15. ×　16. ×　17. ×

18. ×　19. √　20. ×

错误答案改正：

2. SF_6 气体纯度、湿度和分解产物检测用的连接管路应首选不锈钢管或聚四氟乙烯管。

3. 确认仪器设置和状态中进行镜面检查，若镜面不清洁，可用镜头纸轻轻擦拭，最好用无水乙醇浸泡过的棉绒来清洁镜头。不要用水等清洗，也不要用手或纸巾直接擦。

5. 事故设备解体后，检修人员应立即离开作业现场，到下风侧空气新鲜的地方。工作现场要强力通风，以排除残余气体，通风 30～60min 后再进行工作。

6. 使用中的 SF_6 气体水分测试仪需定期送到有资质的单位进行校验。

9. SF_6 气体是一种无色、无味、无臭、无毒、不燃的气体，化学性质稳定。

10. SF_6 断路器中，SF_6 气体的作用是绝缘和灭弧。

12. SF_6 断路器不允许工作温度低于 SF_6 液化点。

13. SF_6 气体绝缘的一个重要特点是电场的均匀性对击穿电压的影响远比空气的大。

14. SF$_6$ 气体中混有水分主要危害是：在温度降低时可能凝结成露水附着在零件表面，在绝缘件表面可能产生沿面放电而引起事故，其他方面也有危害。

15. 低温对 SF$_6$ 断路器不利，当温度低于某一使用压力下的临界温度，SF$_6$ 气体将液化，对绝缘和灭弧能力有影响。

16. SF$_6$ 气体断路器的 SF$_6$ 气体在常压下绝缘强度和空气的差异与电场形态有关。

17. GIS 耐压试验时，只要 SF$_6$ 气体压力达到额定压力，则 GIS 中的电磁式电压互感器和避雷器不允许连同母线一起进行耐压试验。

18. SF$_6$ 气体断路器含水量超标时，若是内部绝缘件受潮及内部附着水分，一般采用对设备进行 24h 的长时间抽真空，并保持 133Pa 的较低真空度，然后充入微水 25μg/g 高纯氮气 0.5MPa 进行检测，此过程可反复进行。待水分检测合格后，用同样方法充入合格的 SF$_6$ 气体，24h 后检测其水分值。

20. 进入 SF$_6$ 配电装置低位区或电缆沟进行工作前，应先通风 15min，再检测含氧量（不低于 18%）和 SF$_6$ 气体含量是否合格。

四、问答题

1. 答：（1）六氟化硫新气中含有的水分。

（2）六氟化硫电气设备生产装配中混入的水分。

（3）六氟化硫电气设备中的固体绝缘材料带有的水分。

（4）六氟化硫电气设备中的吸附剂含有的水分。

（5）大气中的水汽通过六氟化硫电气设备密封薄弱环节渗透到设备内部。

2. 答：提高气体压力对提高其耐电强度是很有效的方法。SF_6 断路器中使用的 SF_6 气体压力过高，对于断路器的密封也会带来一定的困难。SF_6 气体的压力增高，其液化温度也要提高，对寒冷地区使用的充装 SF_6 气体的设备增加了困难，因此设备中充装 SF_6 气体要可知在一定压力范围内。

3. 答：运行电气设备中的 SF_6 气体含有若干种杂质，主要来源有：

（1）SF_6 新气（在合成制备过程中残存的杂质和在加压充装过程中混入的杂质）。

（2）设备检修和运行维护。

（3）开关设备内部放电和机械磨损。

（4）设备故障产生的电弧放电。

（5）设备绝缘缺陷。

4. 答：（1）测量管道和接头等部件质量良好，处理合格。测量管道采用不锈钢材质或者聚四氟乙烯材质。保持所有部件清洁干燥，减少测量误差。

（2）正确选择测量仪器，保证仪器处于良好状态。除正确保管仪器外，应定期进行校验，一般每年校验一次。

（3）SF_6 气体湿度测定仪与 SF_6 设备之间的管路连接应密闭不漏。

（4）应采用合适的测量方法。如采用露点法仪器，推荐取样气体的压力为 0.1MPa 时进行测量。

（5）宜在晴好天气进行测量，以免空气中过多的水蒸气影响测量准确性。

（6）环境温度对测量气体湿度也有相当大的影响，建议每次测量时的温度相近，以利于比较。测量时的环境温度在 20℃左右为好，并在报告中注明测试温度。

（7）断路器充气后一般应稳定 48h 后再进行测量。

5. 答：（1）水解反应生成氢氟酸、亚硫酸，严重腐蚀电气设备。

（2）加剧低氟化物水解。

（3）使金属氟化物水解。

（4）在设备内部结露。

6. 答：（1）运行设备中的气体往往含有腐蚀性成分及灰尘等颗粒杂质，镜面易受灰尘等颗粒杂质的污染或气体腐蚀。

（2）在夏季高温环境下，因空气冷却效果较差，难以制冷到很低的温度，无法测试低含量气体中的水分。

（3）设备内存在的挥发性高沸点溶剂对检测结果有干扰，使测试结果失真。

7. 答：电化学传感器法是通过传感器与被测气体发生反应并产生与气体浓度成正比的电信号进行工作的，目前只能检测 H_2S、SO_2、HF、CO 等部分分解产物，常用于现场测量。电化学传感器在使用中会受到环境污染、温度、压力和湿度的影响，其寿命一般为 1~3 年，电化学传感器类仪器必须每年校准 1 次。

8. 答：SF_6 气体是强负电性气体，即捕获自由电子形成负离子的倾向较强。在温度 20℃下，SF_6 气体具有高绝缘强度、高灭弧能力和高散热性。

自 20 世纪 60 年代起，SF_6 气体已被成功应用于高中压开关及设备中，作电流保护及绝缘介质。

9. 答：（1）运行电气设备中的 SF_6 气体在电弧作用或电气设备事故发生后会产生有毒的分解产物，会对人体呼吸系统造成伤害。

（2）SF_6 气体会在地势低洼处如下水道、电缆沟等地方聚集，令在低洼处的人群产生窒息。

（3）SF_6 气体是明确规定的禁止排放的温室气体。

10. 答：SF_6 电气设备内部放电故障类型主要有：悬浮电位放电、接触不良、金属对地放电等。

产生的 SF_6 气体分解产物为 SOF_2、SO_2F_2、SO_2、HF 和 H_2S 等。

11. 答：按照 Q/GDW 1168—2013《输变电设备状态检修试验规程》，该气室的 SO_2 气体超标，达到警示值，应进行综合诊断；结合设备运行记录和检测结果，设备在投运期间进行交接耐压试验时发生了盆式绝缘子沿面闪络，然后对该气室重新处理，可能由于设备内表面吸附的 SO_2 气体组分释放出来，因此检测到了该组分，SO_2 气体浓度在跟踪检测期间未发生明显突变，可见，交接耐压产生的 SO_2 释放出来的可能性很大。

建议对该气室进行跟踪检测，如果 SO_2 气体浓度没有发生突变或者持续明显增长，应对该气室进行停电检修，在 SO_2 气体浓度没有发生突变或者持续增长的情况下，不建议进行停电检修。

12. 答：SF_6 气体纯度低于 97%，不合格。

SF_6 气体纯度偏低的原因可能为：对设备进行充气和抽真空时，真空度未达到要求，SF_6 气体中可能混入空气和水蒸气；设备的内表面或绝缘材料可能释放水分到 SF_6 气体中；气体处理设备（真空泵和压缩机）中的油也可能进入到 SF_6 气体中。

在设备停电检修期间对该气室进行抽真空、重新充 SF_6 新气。

13. 答：（1）检测时，应认真检查气体管路、检测仪器与设备的连接，防止气体泄漏，必要时检测人员应佩戴安全防护用具，包括防护服、护目镜、塑胶手套、自氧式氧气呼吸装置或专用防毒面具、橡皮靴等。

（2）检测人员和检测仪器应避开设备取气阀门开口方向，防止发生意外。

（3）检测仪接口能连接设备的取气阀门，且能承受设备内部的气体压力，确保接口和管路具有良好的气密性。

（4）在检测过程中，应严格遵守操作规程，防止气体压力突变造成气体管路和检测仪器损坏，须监控设备内压力变化，避免因 SF_6 气体分解产物检测造成设备压力的剧烈变化。

（5）检测仪器的尾部排气应回收处理。

（6）在室内进行检测时，若空气中含氧量降至 18% 时，氧量仪应报警；空气中 SF_6 含量达到 $1000\mu L/L$ 时，SF_6 浓度仪发出警报，如发现报警应立即通风、换气。

（7）当设备发生故障引起大量 SF_6 气体外泄时，检测人员应立即撤离事故现场；事故发生 4h 内，进入室内的检测人员须穿防护服、戴护目镜、手套及自氧式氧气呼吸装置。

（8）设备解体时，检测人员处理使用过的 SF_6 气体时，应配备安全防护用具；设备解体后，应立即撤离作业现场到空气新鲜的地方，并对作业场所采取强力通风措施，以清除残余气体，在通风换气后 30～60min 后再进入现场工作。

第六章　相对介质损耗因数及电容量比值测量

一、单选题

1. C　2. A　3. D　4. A　5. B　6. B　7. A　8. A　9. D
10. A　11. B　12. C　13. D　14. C　15. A　16. B　17. A　18. A
19. D　20. B　21. C　22. C　23. A　24. D　25. A　26. B　27. A
28. B　29. C　30. A　31. D　32. B　33. A　34. C

二、多选题

1. AD　2. ABD　3. ABCD　4. ABD　5. ACD　6. ABC
7. ABCD　8. ABCD　9. ACD　10. ABC　11. ABCD　12. ABC
13. ABC　14. AC　15. ABC　16. CD　17. BCD

三、判断题

1. √　2. √　3. ×　4. ×　5. √　6. √　7. ×　8. √　9. √
10. ×　11. √　12. √　13. √　14. ×　15. ×　16. √　17. √
18. √　19. ×　20. ×　21. √　22. √　23. √

错误答案改正：

3. 温差变化和湿度增大，会使高压互感器的 tanδ 超标。

4. 相对介质损耗因数和电容量比值带电测量测试数据异常时，应首先选择同一组不同相的设备进行比对测试。

7. 对运行中悬式绝缘子串劣化绝缘子的检出测量，可选用测量绝缘电阻的方法。

10. 流过容性介质的电流，由电容电流分量和电阻电流分量两部分组成，电容电流分量就是因电容而产生的。

14．电容型设备相对介质损耗因数和电容量比值带电测试时，如被试设备没有同相同类型设备作为参考设备，也可以进行试验。

15．用于电容型设备相对介质损耗因数和电容量比值带电测量传感器型取样单元具有信号测量的功能。

19．进行相对介质损耗因数和电容量带电检测，基准设备一般选择停电例行试验数据正常且比较小的设备。

20．相对介质损耗因数是指在同相相同电压作用下，两个电容型设备电流基波矢量角度差的正切值。

四、问答题

1．答：容性设备通常是指采用电容屏绝缘结构的设备，包括电容型电流互感器、电容式电压互感器、电容型套管等。

2．答：相对介质损耗因数是指在同相相同电压作用下，两个电容型设备电流基波矢量角度差的正切值（即 $\Delta\tan\delta$）。相对电容量比值是指在同相相同电压作用下，两个电容型设备电流基波的幅值比（即 C_x/C_n）。

3．答：（1）应严格执行国家电网安监〔2009〕664 号《国家电网公司电力安全工作规程（变电部分）试行》（简称《安规》）的相关要求；带电检测过程中，按照《安规》要求应与带电设备保持足够的安全距离。

（2）应有专人监护，监护人在检测期间应始终行使监护职责，不得擅离岗位或兼职其他工作。

（3）防止设备末屏开路。取样单元引线连接牢固，符合通流能力要求；试验前应检查电流测试引线导通情况；测试结束保证末屏可靠接地。

（4）从电压互感器获取二次电压信号时应防止短路。

（5）带电检测测试专用线在使用过程中，严禁强力生拉硬拽或摆甩测试线，防止误碰带电设备。

4. 答：选择合适的参考设备对于电容型设备带电检测至关重要，应遵循以下原则：

（1）采用相对值比较法，基准设备一般选择停电例行试验数据比较稳定的设备。

（2）宜选择与被试设备处于同一母线或直接相连母线上的其他同相设备，宜选择同类型电容型设备；如同一母线或直接相连母线上无同类型设备，可选择同相异类电容型设备。

（3）双母线分裂运行的情况下，两段母线下所连接的设备应分别选择各自的参考设备进行带电检测工作。

（4）选定的参考设备一般不再改变，以便于进行对比分析。

5. 答：（1）工作前应办理变电站第二种工作票，并编写电容型设备带电检测作业指导书、现场安全控制卡和工序质量卡。

（2）选择合适的参考设备，并备有参考设备、被测设备的停电例行试验记录和带电检测试验记录；试验前应详细掌握被试设备和参考设备历次停电试验和带电检测数据、历史缺陷、家族性缺陷、不良工况等状态信息。

（3）准备现场工作所使用的工器具和仪器仪表，必要时需要对带电检测仪器进行充电。使用万用表检查测试引线，确认其导通良好，避免设备末屏或者低压端开路；开机检查仪器是否电量充足，必要时需要使用外接交流电源。

（4）带电检测应在天气良好条件下进行，确认空气相对湿度应不大于80％。环境温度不低于5℃，否则应停止工作。

（5）核对被试设备、参考设备运行编号、相位，查看并记录设备铭牌。

6. 答：（1）将带电检测仪器可靠接地，先接接地端再接仪器端，并在其两个信号输入端连接好测量电缆。

（2）打开取样单元，用测量电缆连接参考设备取样单元和仪器 I_n 端口，被试设备取样单元和仪器 I_x 端口。按照取样单元盒上标示的方法，正确连接取样单元、测试引线和主机，防止在试验过程中形成末屏开路。

（3）打开电源开关，设置好测试仪器的各项参数。

（4）正式测试开始之前应进行预测试，当测试数据较为稳定时，停止测量，并记录、存储测试数据；如需要，可重复多次测量，从中选取一个较稳定数据作为测试结果。

（5）测试数据异常时，首先应排除测试仪器及接线方式上的问题，确认被测信号是否来自同相、同电压的两个设备，并应选择其他参考设备进行比对测试。

7. 答：（1）测试完毕后，参考设备侧人员和被试设备侧人员合上取样单元内的隔离开关及连接压板。仪器操作人员记录并存储测试数据、温度、空气湿度等信息。

（2）关闭仪器，断开电源，完成测量。

（3）拆除测试电缆，应先拆设备端，后拆仪器端。

（4）恢复取样单元，并检查确保设备末屏或低压端已经可靠接地。

(5) 拆除仪器接地线，应先拆仪器端，再拆接地端。

8. 答：(1) 安全性：传感器型电流取样单元无须操作，末屏回路完整，不存在末屏开路可能；比接线盒型电流取样单元较为安全。

(2) 测试准确度：传感器型电流取样单元每个传感器都有测量误差，误差分散，损失严重，可能由于正负误差累计造成结果偏差；接线盒型电流取样单元利用主机里的一个传感器获取信息，较为准确。

(3) 可靠性：传感器型电流取样单元密封良好，不易受潮，但容易受大电流冲击损坏，损坏不易更换；接线盒型电流取样单元频繁操作，且容易受潮积水，有一定的隐患。

(4) 便捷性：传感器型电流取样单元操作简单；接线盒型电流取样单元需要多人配合，操作相对复杂。

9. 答：传感器型取样单元应满足以下要求：

(1) 采用穿芯结构，输入阻抗低，能够耐受 10A 工频电流的作用以及 10kA 雷电流的冲击。

(2) 具有完善的电磁屏蔽措施（采用高磁导屏蔽材料），在强电磁场干扰环境下的相位变换精度不应超过 0.02 度。

(3) 具有较好的防潮和耐高低温能力。

(4) 采用即插式标准接口设计，方便操作。

10. 答：温度低于 5℃时，受潮设备的介质损耗试验测得的 $\tan\delta$ 值误差较大，这是由于水在油中的溶解度随温度降低而降低，在低温下水析出并沉积在底部，甚至成冰。此时测出的 $\tan\delta$ 值显然不易检出缺陷，而且仪器在低温下准确度也较差，故应尽可能避免在低于 5℃时进行设备的介质损耗试验。

11. 答：（1）110（66）kV 及以上电压等级的电容型设备投运后一个月内进行一次相对介质损耗因数和电容量比值的带电测试，记录作为初始数据。

（2）110（66）kV 及以上电压等级的电容型设备带电测试每 1～2 年测试一次。

（3）必要时。

12. 答：测量误差较大，主要由于以下几个方面造成：

（1）TV 固有角差的影响。根据国家标准对电压互感器的角误差的容许值的规定，对于目前绝大多数 0.5 级电压互感器来说，使用其二次侧电压作为介质损耗测量的基准信号，本身就可能造成 $\pm 20'$ 的测量角差，即相当于 ± 0.006 的介质损耗测量绝对误差，而正常电容型设备的介质损耗通常较小，仅在 0.002～0.006，显然这会严重影响检测结果的真实性。

（2）TV 二次负荷的影响。电压互感器的测量精度与其二次侧负荷的大小有关，如果 TV 二次负荷不变，则角误差基本固定不变。由于介质损耗测量时基准信号的获取只能与继电保护和仪表共用一个线圈，且该线圈的二次负荷主要由继电保护决定，故随着变电站运行方式的不同，所投入使用的继电保护会做出相应变化，故 TV 的二次负荷通常是不固定的，这必然会导致其角误差改变，从而影响介质损耗测试结果的稳定性。

13. 答：绝对测量法是指通过串接在被试设备 C_x 末屏接地线上，以及安装在该母线 TV 二次端子上的信号取样单元，分别获取被试设备 C_x 的末屏接地电流信号 I_x 和 TV 二次电压信号，电压信号经过高精度电阻转化为电流信号 I_n，两路电流信号经过滤波、放大、采样等数字处理，利用谐波分析法分别提取其基波分量，并计算出其相位差和幅度比，从而获得被试设备的绝对介质损耗因数和电容量。

14. 答：相对测量法是指选择一台与被试设备 C_x 并联的其他电容型设备作为参考设备 C_n，通过串接在其设备末屏接地线上的信号取样单元，分别测量参考电流信号 I_n 和被测电流信号 I_x，两路电流信号经滤波、放大、采样等数字处理，利用谐波分析法分别提取其基波分量，计算出其相位差和幅度比，从而获得被试设备和参考设备的相对介损差值和电容量比值。考虑到两台设备不可能同时发生相同的绝缘缺陷，因此通过它们的变化趋势，可判断设备的劣化情况。

15. 答：相对值测量法能够克服绝对值测量法易受环境因素影响、误差大的缺点，因为外部环境（如温度等）、运行情况（如负荷容量等）变化所导致的测量结果波动，会同时作用在参考设备和被试设备上，它们之间的相对测量值通常会保持稳定，故更容易反映出设备绝缘的真实状况；同时，由于该方式不需采用 TV（CVT）二次侧电压作为基准信号，故不受到 TV 角差变化的影响，且操作安全，避免了由于误碰 TV 二次端子引起的故障。

16. 答：相对值测量法能够克服绝对值测量法易受环境因素影响、误差大的缺点，因为外部环境（如温度等）、运行情况（如负载容量等）变化所导致的测量结果波动，会同时作用在参考设备和被试设备上，它们之间的相对测量值通常会保持稳定，故更容易反映出设备绝缘的真实状况；同时，由于该方式不需采用 TV（CVT）二次侧电压作为基准信号，故不受到 TV 角差变化的影响，且操作安全，避免了由于误碰 TV 二次端子引起的故障。

17. 答：（1）熟悉电容型设备介质损耗因数和电容量带电测试的基本原理、诊断程序和缺陷定性的方法，了解电容型设备带电检测仪器的工作原理、技术参数和性能，掌握带电检测仪的操作程序和使用方法。

（2）了解各类电容型设备的结构特点、工作原理、运行状况和设备故障分析的基本知识。

（3）接受过电容型设备介质损耗因数和电容量带电测试的培训，具备现场测试能力。

（4）具有一定的现场工作经验，熟悉并能严格遵守电力生产和工作现场的相关安全管理规定。

（5）带电检测过程中应设专人监护。监护人应由有带电检测经验的人员担任，拆装取样单元接口时，一人操作，一人监护。对复杂的带电检测或在相距较远的几个位置进行工作时，应在工作负责人指挥下，在每一个工作位置分别设专人监护。带电测试人员在工作中应思想集中，服从指挥。

18. 答：①开路保护器；②放电管；③操作隔离开关；④保护压板。

其工作原理为：接线盒型取样单元串接在设备的接地引下线中，主要功能是提供一个电流测试信号的引出端子并防止末屏（或低压端）开路，但没有信号测量功能，测试时需通过测试电缆将电流引入带电测试仪内部的高精度穿芯电流传感器进行测量，如图 6-1 所示。该型取样单元主要由外壳、防开路保护器、放电管、短接连片及操作隔离开关等部件构成，其中短连接片和隔离开关并接后串接在接地引下线回路中，平常运行时短连接片和隔离开关均闭合，构成双重保护防止开路，测量时先打开连接片并将测试线接到该接线柱，拉开小隔离开关即可开始测量。防开路保护器可有效避免因末屏（或低压端）引下线开断或测量引线损坏或误操作所导致的末屏开路，保证信号取样的安全性。

19. 答：电容型设备相对介质损耗因数及电容量比值带电检测系统一般由取样单元、测试引线和主机等部分组成。取样单元用于获取电容型设备的电流信号或者电压信号；测试引线用于将取样单元获得的信号引入到主机；主机负责数据采集、处理和分析。

20. 答：（1）被试设备已安装取样单元，满足带电测试要求。

（2）雨、雪、大雾等恶劣天气条件下避免户外检测，雷电时严禁带电测试。

（3）被测设备表面应清洁、干燥。

（4）采用相对测量法时，应注意相邻间隔对测试结果的影响，记录被试设备相邻间隔带电与否。

21. 答：（1）纵向分析。102 单元 B 相电流互感器 2009 年带电测试相对介损值较 2008 年增长为 $0.0564-(-0.0031)=0.0595$，变化量超过 0.005，达到缺陷标准。电容量变化 $(1.278-1.261)/1.261=1.3\%$，电容量未见异常。

（2）横向分析。B、C 相两年的带电测试数据较稳定，但 A 相相对介损值有较明显的增长，与 B、C 相变化趋势明显不同。

（3）对相对值进行换算。参考基准单元停电例行试验结果，将带电测试结果换算到绝对量，其中介质损耗为 $0.0564+0.00447=0.06087$，与历史数据比较有明显增长，并远远超过状态检修规程给出的 0.008 的注意值；电容量 $1.278 \times 689.8\text{pF}=881.5\text{pF}$，与历史数据（860.3pF）变化 $(881.5-860.3)/860.3=2.46\%$，在状态检修规程给出的 $\pm5\%$ 的注意值范围内。

综合以上分析，初步判断 102 单元 B 相相对介质损耗值增长过快，设备内部可能存在缺陷。

22. 答：对于电容型绝缘的设备，通过对其介电特性的监测，可以发现尚处于早期阶段的绝缘缺陷，$\tan\delta$ 是设备绝缘的局部缺陷中，由介质损耗引起的有功电流分量和设备总电容电流之比，它对发现设备绝缘的整体劣化较为灵敏，如包括设备大部分体积的绝缘受潮，而对局部缺陷则不易发现。测量绝缘的电容 C，除了能给出有关可能引起极化过程改变的介质结构的信息（如均匀受潮或者严重缺油）外，还能发现严重的局部缺陷（如绝缘击穿），但灵敏程度也同绝缘损坏部分与完好部分体积之比有关。

参 考 文 献

[1] 国网技术学院. 电网设备状态检测技术培训教材. 北京：中国电力出版社，2015.

[2] 河南电力技师学院. 电力行业高技能人才培训系列教材：电气试验工. 北京：中国电力出版社，2008.

[3] 河南省电力公司. 电力设备典型缺陷红外热成像图集与分析. 北京：中国电力出版社，2009.

[4] 李德志，等. 电力变压器油色谱分析及故障诊断技术. 北京：中国电力出版社，2013.

[5] 孟玉婵，李荫才，贾瑞君，等. 油中溶解气体分析及变压器故障诊断. 北京：中国电力出版社，2002.

[6] 国家电网公司. 国家电网公司设备状态检修丛书：电网设备状态检测技术应用典型案例（上、下册）. 北京：中国电力出版社，2014.